U0348709

新 逻 辑 丛 书

逻辑学的语言

看穿本质、明辨是非的
逻辑思维指南

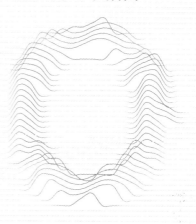

丛书主编 阳志平

李万中 著

机械工业出版社

China Machine Press

图书在版编目（CIP）数据

逻辑学的语言：看穿本质、明辨是非的逻辑思维指南 / 李万中著 . —北京：机械工业出版社，2022.10

（新逻辑丛书 / 阳志平主编）

ISBN 978-7-111-71887-1

I. ① 逻… II. ① 李… III. ① 逻辑思维 – 指南 IV. ① B804.1-62

中国版本图书馆 CIP 数据核字（2022）第 197198 号

逻辑思维的根基其实是一套语言系统——逻辑语。逻辑语以及背后的逻辑学，是研究推理形式的学问，也是帮助我们理性思考的工具。当你掌握了逻辑语，能够将日常生活中的语言翻译成逻辑语，并依照逻辑规则进行推理时，你就能做出合乎逻辑的分析和评价，也能弄清别人的分析和评价到底是否符合逻辑。学习逻辑语和学习一门外语的过程很相似，我们需要掌握基础词汇，理解语法规则，从而学会遣词造句、组句成篇。本书旨在引导读者入门逻辑语，培养批判性思维的习惯和能力。

逻辑学的语言

看穿本质、明辨是非的逻辑思维指南

出版发行：机械工业出版社（北京市西城区百万庄大街 22 号　邮政编码：100037）

责任编辑：向睿洋

责任校对：韩佳欣　　张　薇

印　　刷：保定市中画美凯印刷有限公司

版　　次：2023 年 1 月第 1 版第 1 次印刷

开　　本：147mm×210mm　1/32

印　　张：10.875

书　　号：ISBN 978-7-111-71887-1

定　　价：59.00 元

客服电话：（010）88361066　68326294

逻辑学：一切法之法，一切学之学

　　有一些学科，人人都离不开它，但对它的最新发展却一无所知。这样的学科，最有代表性的莫过于逻辑学。

　　什么是逻辑学？词典给出的定义是研究思维规律的科学。然而，现代科学诞生之后，认知科学、神经科学与心理科学，显然也是研究思维规律的科学。这么看来，这种定义难以帮助我们精确地理解逻辑学的本质。

　　我们不妨回到逻辑学诞生的源头——世界三大逻辑学传统：中国先秦以《公孙龙子·名实论》《墨经·小取》和《荀子·正名》为代表的名辩学；古印度以陈那所著的《因明正理门论》和《集量论》、法称所著的《因明七论》为代表的因明学；古希腊以亚里士多德所著的《工具论》为代表的逻辑学。

　　这三大逻辑学源头的共同特征是什么呢？那就是研究名实之辩。所谓名，名词、概念，也就是思维的语言外显化，比如对事物的命名、分类；所谓实，实质、实际，也就是实际存在的事物。

　　一百多年前，严复翻译英国逻辑学家约翰·斯图亚特·穆勒的《逻辑体系》一书时，将其书名译作《穆勒名学》。他格外喜欢此书："此书一出，其力能使中国旧理什九尽废，而人心得所用力之端；故虽劳苦，而愈译愈形得意。"（《与张元济书·十二》）蔡元培在《五十年来中国之哲学》中亦认为："严氏于《天演论》外，最注意的是名学。……严氏觉得名学是革新中国学术最要的关键。"

同样，严复将逻辑学家威廉·史坦利·耶方斯的著作《逻辑初级读本》书名译作《名学浅说》。为什么严复使用"名学"而非"逻辑学"一词呢？他说道："逻辑此翻名学。……是学为一切法之法，一切学之学；……曰探，曰辨，皆不足与本学之深广相副。必求其近，故以名学译之。盖中文惟'名'所涵，其奥衍精博与逻各斯字差相若，而学问思辨皆所以求诚、正名之事，不得舍其全而用其偏也。"

显然，严复清晰地意识到了逻辑学的本质：一切法之法，一切学之学。如何以名举实？如何从实推名？这才是逻辑学与其他学科的根本差异。使用"逻辑"一词在精确广博上并不恰当，因此，他舍"逻辑"而用"名学"。

名实之辩

逻辑学凭什么可以成为"一切法之法，一切学之学"？

答案需要回到名实之辩。名与实构成了人类理解世界的两大基本脉络。

宇宙、天文、山川、地理，是宇宙学、天文学、地理学关心的"实"；物质规律、能源材料、生物奥秘，是物理学、化学、生物学关心的"实"；社会交换、经济交易、政治博弈，是社会学、经济学、政治学关心的"实"。而人性，既有以认知科学、神经科学、心理学为代表的脉络，也有以文学、艺术为代表的脉络，还有以语言学为代表的脉络。这些脉络从不同角度，关心人性不同侧面的"实"。

如果说科学更侧重对万物万事分而治之，那么逻辑学更关心不同事物之间共享的名实转换法则。

今天社会大众习得的逻辑学观念，都建立在演绎逻辑与归纳逻辑两者的基础之上。前者以亚里士多德《工具论》中提出的三段论为代表，源自用"名"推演"实"的脉络。后者以培根《新工具》中提出的归纳法为代表，源自从"实"中抽象"名"的脉络。

莱布尼茨曾经感叹："三段论是人类心智最美妙也是最为重要的结晶之一。"

大前提：人都有一死。
小前提：苏格拉底是人。
结论：苏格拉底也会死。

这是最广为人知的逻辑学知识，似乎每个人都能对大前提、小前提与结论说上一两句。

然而，一个延续数千年的知识体系会这么简单吗？并不会。

知识体系作为一种"名"，同样受制于"实"的发展，逻辑学亦不例外。在世界三大逻辑学诞生早期，无论是中国的先秦百家，还是古印度的因明学者，抑或古希腊的思想家，需要处理的科学类知识都很有限。而今天，《中华人民共和国国家标准学科分类与代码》将学科分类定义到一、二、三级，共设62个一级学科或学科群，有数学、信息科学与系统科学、力学、物理学、化学、天文学，等等；676个二级学科或学科群；2382个三级学科。

21世纪的"实"，远远超过逻辑学诞生之初人们的想象。因此，你需要掌握21世纪逻辑学的新发展，才能更好地理解世界的名实之辩。

21世纪逻辑学新发展

21世纪逻辑学的新发展，有三个重要方向。

符号逻辑与数理逻辑

康德曾经指出：虽然逻辑学是哲学中少有的延续数千年的分支，然而，自从亚里士多德时代以来，逻辑学研究没有实质性进展。亚里士多德的逻辑学思想建构在他的"经典范畴论"的基础之上。亚里士多德的范畴论有几个基本假设：

第一，范畴由充分、必要特征联合定义，比如，成为人们心目中的"胖子"要符合很多条件，当张三满足这些充分和必要条件时，大家就会同意他是一个胖子。

第二，特征是二分的。张三要么胖，要么不胖。

第三，同一范畴内的所有成员地位相等。在"胖子"这个范畴下，"张胖子"和"李胖子"的地位是相等的。

第四，范畴之间的界限是固定的。大家能意识到，"胖子"和"非胖子"之间有着清晰的边界。

任何"实"的"名"都是可以分类的，而每个分类都是二分的，要么是，要么不是。这种思想在古希腊时代，面对少数"实"，高效而优雅。但是在 21 世纪的今天，任何一个学科都从该学科共享的少数共识中，推论出无穷无尽的新知识。比如，力学领域离不开牛顿三定律，热力学领域离不开热力学三定律，生物学领域离不开达尔文进化论，但这些领域的复杂程度已超出你的认知范围。

如今，我们无法再简简单单地使用"大前提""小前提""结论"三个术语来把握所有学科的"实"。

此时，我们需要一套新的逻辑学体系。先是乔治·布尔（1815—1864）的逻辑代数和奥古斯都·德·摩根（1806—1871）的关系逻辑，它们针对古典逻辑学开了第一枪，前者见于布尔 1847 年出版的《逻辑的数学分析》、1854 年出版的《思维规律的研究》；后者见于德·摩根 1847 年出版的《形式逻辑》。

而符号逻辑的集大成者，是查尔斯·桑德斯·皮尔士（1839—1914）。在《符号逻辑概述》一书中，皮尔士将我们的视线拉回逻辑学的关键：名与实，也就是符号、思维、物质——构成宇宙的三大基础。这就是符号学的源头之一。

与此同时，一些逻辑学家受近代数学发展启发，尝试在逻辑学中引进数学方法，模拟数学运算来处理思维运算，从而诞生了"数理逻辑"。其中，第一代代表人物是弗里德里希·弗雷格（1848—1925）和阿尔弗雷德·塔斯基（1901—1983），他们的重要论文分别是《概念文字：一种模仿算术语言构造的纯思维的形式语言》和《形式化语言中的真理概念》。之后，格奥尔格·康托尔（1845—1918）、库尔特·哥德尔（1906—1978）、保罗·寇恩（1934—2007）、萨哈让·谢拉赫（Saharon Shelah，1945—）纷纷登场。一句话来概括数理逻辑：它是数学应用于数学本身。

身处 21 世纪前沿领域的知识工作者会发现，越来越多的前沿研究话题，都可以从符号逻辑与数理逻辑中受益。例如，以我所专研的认知科学、神经科学与心理科学为例，在计算认知科学、计算神经科学、数学心理学这些领域中，越来越绕不过探讨符号表征、哥德尔定理、可计算性理论、ZFC 公理、集合论这些前沿知识。

非形式逻辑

维特根斯坦在《哲学研究》中，对亚里士多德的经典范畴论发起了冲击。以"游戏"为例，有的游戏仅仅旨在娱乐，有的游戏则旨在竞争；有的游戏需要技巧，有的游戏需要运气……某些特征并不是所有游戏都共有的，但是，这些游戏的各种相似点交织，形成了你对"游戏"的认识，从而构成了家族、网络。维特根斯坦把这种现象称为"家族相似性"。

认知心理学家埃莉诺·罗施（Eleanor Rosch，1938—）发现几乎自然界中的所有"名"都具备"家族相似性"。当你理解一个概念，比如"什么是游戏"或"什么是植物"时，其实你也建立了这个概念的原型。比如提起"鸟"，你首先会想起什么？人们往往不会第一时间将企鹅、鸵鸟归到"鸟"这一范畴，因为它们不典型；要说"鸟"的范畴原型，人们会更多想到麻雀、燕子。这是因为人们心目中鸟的特征几乎都基于麻雀和燕子来构建，它们是更能代表鸟的样本。麻雀、燕子就是"鸟"这一概念的最佳实例。

沿着这些研究脉络，维特根斯坦的学生斯蒂芬·图尔敏（Stephen Toulmin，1922—2009）率先提出了非形式逻辑（informal logic）。非形式逻辑泛指能够用于分析、评估和改进出现于人际交流、政治辩论以及报纸、电视等大众媒体之中的非形式推理和论证的逻辑理论。

非形式逻辑的代表人物还包括查姆·佩雷尔曼（Chaïm Perelman，1912—1984，代表作：《新修辞学》）与查尔斯·汉布林（Charles Hamblin，1922—1985，代表作：《谬误》）等人。

21 世纪逻辑学最大的进展之一就是非形式逻辑的发展。如果说形式逻辑像几何学，追求绝对真理，那么非形式逻辑就像法学，类似法官判例，并不存在绝对真理。

认知逻辑与语言逻辑

21 世纪逻辑学的新发展，还有个显著的特点，就是跨学科融合的趋势越来越明显。其中，最典型的莫过于逻辑学与认知科学联合之后诞生的认知逻辑学，以及逻辑学与语言学联合之后诞生的语言逻辑学。

先说认知逻辑。试看一个例子。

前提 1：所有的生物都需要水。

前提 2：玫瑰需要水。

因此，玫瑰是生物。

很多人会认为"玫瑰是生物"这个结论是对的，事实上，这个结论确实是对的，不过其推理过程是完全错误的。这就是认知科学历史上著名的"玫瑰三段论"。很多心灵鸡汤写手也在用同样的技巧忽悠人，用结论看似正确但推理过程错误的论证来影响你。

我们一旦转换内容，就不难发现这里面的逻辑错误：

前提 1：所有的昆虫都需要氧气。

前提 2：老鼠需要氧气。

因此，老鼠是昆虫。

通过上面的案例我们可以发现，这两个推论的论证结构是一模一样的，但是绝大部分人会被第一个三段论所蒙蔽。这就是认知科学给我们的一个重要启发：人在论证过程中会被具体内容干扰，而非如古典经济学家们所言，是"生而理性"的。

像"玫瑰三段论"这样的谬误来自人类漫长的进化过程，绝大部分人会下意识地中招；此外，后天的社会文化也会影响我们的论证能力：你可能因为不懂得某一类知识而对人性做出误判，比如，可参见查理·芒格整理的人类误判心理学清单。

再看语言逻辑。假设你是一位男士，想要追求一位女士，你告诉她：我很上进有为，好姑娘应该嫁给上进有为的男人，我们的未来会很美好，所以你应该嫁给我。这是一种"直男式"的语言表达。

其实，你还可以用"故事式"的表达方式告诉她：从前我很快乐，但是自从见到了你，我就时时因思念你而没那么快乐了。你还可以用"诗歌式"的方法告诉她：

我在一个北方的寂寞的上午
一个北方的上午
思念着一个人

——海子《跳伞塔》

显然，不同的语言表达会影响逻辑的说服力。这些议题都是语言逻辑关心的话题。

当然，逻辑学的发展并不仅仅局限在上述方向的突破。只是，符号逻辑与数理逻辑、非形式逻辑、认知逻辑与语言逻辑，这些方向与每个人的日常生活更加息息相关。

信息时代的新逻辑

2015 年，我创办了促进知识工作者人生发展的开智学堂。“开智”一词，正是源自严复。严复曾在 1895 年写道：“鼓民力，开民智，新民德。民智强，则国家强；民智弱，则民族亡。”

同样，在严复的影响下，我把逻辑学放在了与信息学、心理学和决策学同等重要的位置上。在我创设的知识体系中，它们作为信息时代的关键能力，并称为“四大分析”——信息分析、行为分析、论证分析与决策分析。

7 年时间过去，开智学堂师生在人生发展与四大分析上，积累了众多知识产出。而我担任主编的“新逻辑丛书”，聚焦逻辑学领域。“新逻辑丛书”新在哪些地方？

- **新理论**：正如严复一百多年前翻译西方逻辑学经典名著。前述逻辑学最新进展，不少著作尚不为国内读者所了解。因此，“新逻辑丛书”将重点引进西方逻辑学新近的名著，同时邀请国内各个分支领域的逻辑学专家，予以精彩原创呈现。
- **新趣味**：逻辑学听起来往往让人生畏。其实，逻辑学是一个极其有趣的学科。因此，“新逻辑丛书”广泛地采取新的形式，比如图解、故事、对话等，来帮助读者快速掌握逻辑学知识。
- **新价值**：逻辑学的应用无处不在，一些新的软件、编程语言、创意工具的发明，可以极大地扩展逻辑学的价值。为此，"新逻辑丛书"专门编撰了一些能够给读者带来新价值的内容。

希望"新逻辑丛书"能够帮助你更好地掌握 21 世纪逻辑学的新进展，明辨是非，独立思考，从而迎来更好的人生发展。是为序。

阳志平

开智学堂联合创始人

"心智工具箱"公众号作者

2022 年夏于北京

逻辑语：你一生受用的语言

本书缘起

我的朋友李晓煦博士，是《三生有幸》一书的作者。这是一本我心目中的奇书，作者非常有创意地将幸福整理为秒时间尺度上生发的愉悦、分钟小时时间尺度上生发的专注、超越时间尺度上生发的意义。因此，该书出版时，特作推荐序一篇。

2018 年年初，在《三生有幸》出版之后，晓煦跟我说，有一位年轻朋友，同样对该书理解深刻，读了我的推荐序，非常想认识我。他就是本书作者李万中——一位长期致力于逻辑学领域科普、研究与教学的青年学者。

互加微信之后，我们一直没来得及见面。直到 2020 年，万中提及，他想写一本关于逻辑学的著作。恰巧那段时间，我在筹备出版业务产品线，刚刚敲定与四家头部出版社的战略合作关系，其中恰巧有一个选题方向，是我担任主编的"新逻辑丛书"。于是，我和万中相约在牡丹园地铁站旁的一家茶馆，畅谈两小时，初步敲定了本书的创作方向。

依据我过往与年轻作者合作的经验，从定下选题到最终交稿，少则拖上两三年，多则杳无音信。然而，出乎我意料的是，万中竟然在短短两三个月内，完成了全部书稿。显然，一本书满足不了万中在逻辑学领域高涨的创作欲望。于是，我与万中先后讨论多次，敲定了 6 ~ 13 个选题。我将其称为建设逻辑学"根据地"。

转眼间，万中已经交稿三本书，第四本书也即将创作完毕。每次与他见面，他似乎头脑中总是有写不完的选题；谈到自己心爱的逻辑学，马上眉飞色舞。甚至，他为了安心写作，推掉了原本在开展的一些教学工作。

有幸见证一位青年学者，在自己最好的年华，全力以赴专注于创作，这也许是最美好的事情。我相信以万中的勤奋与聪慧，他的逻辑学"根据地"将很快建设完毕，继而扩大到哲学领域。而这本《逻辑学的语言》，就是万中逻辑学系列著作中的第一本。

学习逻辑学的路径

逻辑学也许是一个常被低估的学科，著名逻辑学家、符号学创始人、实用主义哲学奠基者皮尔士曾经在《信念的确定》一文中调侃："少有人学习逻辑学，因为几乎每个人都觉得自己精通推理。"

逻辑学其实是一个有门槛的学科。在《信念的确定》中，皮尔士还谈到，与其说一个人的逻辑能力是一种天赋，不如说是一种需要长时间刻苦训练才能习得的技艺。

在逻辑学数千年的发展历史中，出现了一种不好的倾向：越来越小众，越来越偏向数学。当我们学习逻辑学时，似乎会产生一种类似"数学焦虑症"的"逻辑学焦虑症"。

其实，逻辑学的重要性远超人们的想象。联合国教科文组织（UNESCO）1974年编制的学科分类中，列出了七大基础学科，即数学、逻辑学、天文学和天体物理学、地球科学和空间科学、物理学、化学、生命科学，其中逻辑学位列第二。2019年11月，联合国教科文组织正式将每年的1月14日定为世界逻辑日。

如果掌握正确的学习方法，逻辑学门槛并不高。在中世纪学校教育体系中，逻辑学被安排在语法课程中。那时的人们并不认为逻辑学是一个多么困难的学科，认为它就像孩子学习语法一样简单。

到了21世纪，这种逻辑学的语言学学习路径，被人们"丢在了爪哇国"。绝大多数人学习逻辑学，一上来更像是学习数学，背诵各种逻辑学符号、图表及相关定律。

其实，你既可以像学习数学一样来学逻辑学，也可以像学习语言一样来学逻辑学。专业逻辑学家也为我们呈现了后者这样的学习路径。香港中文大学哲学系教授李天命在《哲道行者》《杀闷思维》《从思考到思考之上》中展现了逻辑学灵动、有趣的一面。与其说这些著作是数学著作，不如说是语言学作品。

三种逻辑语

语言，是人类获取信息、沟通交流的工具。汉语，是国内通用语，让我们可以获取中文信息，与国人交流；英语，则是国际通用语，让我们可以获取更多国外信息，与外国人交流。逻辑学同样是一门语言，万中在本书中，将其称为"逻辑语"。

在掌握汉语、英语或其他语言表述的知识时，你离不开逻辑语。哪些是真知，哪些又是错误的知识？哪些论证的结论可信，哪些又是胡说八道？

在与人沟通、阅读写作时，你同样离不开逻辑语。谁说话做事靠谱，谁又在满嘴"跑火车"？哪位作者的观点经得起推敲，哪位又在满纸胡诌？我该如何清晰有力地说明自己的观点，与他人达成共识？

想要清晰思考，与人友好沟通，人人都离不开逻辑语。顾名思义，《逻辑学的语言》就是一本帮助你更好掌握逻辑语的著作。

那么，如何高效习得逻辑语呢？万中在书中，将逻辑语的学习总结为"日常逻辑语""古典逻辑语"和"现代逻辑语"三大部分。其中"日常逻辑语"属于"非形式逻辑"部分，"古典逻辑语"和"现代逻辑语"属于"形式逻辑"部分。以下，对三大逻辑语进行简要介绍，更多精彩，请参考书中正文。

日常逻辑语

顾名思义，"日常逻辑语"就是在日常生活中使用的逻辑语言。

如果要用更专业的称呼，就是"非形式逻辑系统"或"论证逻辑系统"。

在日常生活中，你是不是经常会遇到一些话，它们看似很有道理，实则荒谬不已，但是，你又很难说清它们到底怎么荒谬？这就是"逻辑谬误"，是非形式逻辑重点研究的一个领域。常见的逻辑谬误有非黑即白、以偏概全、混淆因果、诉诸权威，等等。

比如，妈妈对刚上大学的女儿说："你要么专注于学习，要么谈恋爱。现在你是铁了心要谈恋爱，那你就是不想好好学习。"妈妈的话就有一个逻辑谬误，叫"虚假两难"。妈妈认为"谈恋爱"和"学习"不可兼顾，但实际上，两者是可以兼顾的。

怎么分析这些逻辑谬误的迷惑本质？用论证。论证是给出一些理由和证据来支持某个结论的过程，它的目标是让人们更愿意相信某个结论。这就是日常逻辑语能教会我们的。

古典逻辑语

古典逻辑系统诞生于两千多年前，以西方逻辑学创始人亚里士多德写成《工具论》为标志。古典逻辑语探究的是范畴之间的关系，其中的抽象符号不太多，学习难度不太大，在日常生活中也较为实用。

如何学习古典逻辑语？你要学会"翻译"。就像学习英语要学会"中翻英"一样，学习逻辑语也要学会"中翻逻"，也就是把日常生活中的语句翻译成古典逻辑中更严谨的语句。

为什么要做这样的翻译？自然语言是模糊、笼统、有歧义的，用它来表达思想，可能会引起误解。只有学会将自然语言翻译成清晰、精确、严谨、无歧义的逻辑语言，我们在与人交流时，才不容易引起误解，才能精确地理解别人想要用自然语言传递给我们的思想究竟是什么。

现代逻辑语

现代逻辑系统也叫"数理逻辑系统"，诞生于一百多年前，以弗雷格的《概念文字》出版为标志。现代逻辑语继承并超越了古典逻辑语。古典逻辑语能表达的句子、能处理的推理关系，现代逻辑语都能表达和处理。此外，它还能做到古典逻辑语做不到的事情。它的缺点是有很多抽象符号，相对难学一些。

学习现代逻辑语，主要能帮助我们识别句子的真值条件，知道一句话在什么情况下算正确，在什么情况下算谬误。

享受学习逻辑语的乐趣

掌握"日常逻辑语"，关键是掌握论证相关工具；掌握"古典逻辑语"和"现代逻辑语"，关键在于翻译。通过翻译，我们才能分辨出有效的论证和无效的论证，搞清楚在论证的结构上做出什么样的改进，才能使一个无效论证变得有效。

学习逻辑学的语言，有什么用处？它无法帮助你升官发财，也无法带给你伴侣、同伴，但它一定可以帮助你看到更大的世界。

头脑如果只用于赚钱，就太遗憾了。人生一辈子，如果只用于满足生理需求，也太无趣了。要想追求更持久、更高级的愉悦，必然离不开有难度的智力劳动。这些智力劳动，可能会令你名利双收，但在此之前，更重要的是你的确享受它。

万中显然非常享受逻辑学的乐趣。现在，诚邀你一起享受来自《逻辑学的语言》的乐趣。

阳志平

开智学堂联合创始人

"心智工具箱"公众号作者

2022 年秋于北京

你可能早已知道，英语是一种很实用的外语。掌握英语，让我们能够获取以英语表述的信息和知识，也让我们能和外国人沟通，丰富自己的信息环境。毕竟，英语已是名副其实的国际通用语（lingua franca）。

其实，比起英语，还有另一门更实用的"外语"——逻辑语。学会逻辑语之后，我们就能搞清楚，那些以中文、英文或其他语言表述的所谓知识，到底是不是真正的知识；能判断它们是否符合逻辑，判断它们是可信的结论，还是伪装成可信结论的谬论。掌握逻辑语之后，我们能判断别人的话究竟有没有道理，别人传递的信息究竟靠不靠谱，别人试图说服我们采信的建议到底值不值得采纳。

而且，当你与持有不同意见和想法的人聚在一起时，你可以用逻辑语让别人信服你的观点。无论在演说还是写作中，你都可以用逻辑语来条理清晰地展示你的思想。你知道该如何支持一个结论，也知道该如何反对一个主张。即便是那些不同意你的见解的人，也会认真地听完你的话，因为他们知道，你总是能给出强有力的论证。因此，你的意见是值得重视的，他们在拿不定主意时，就可能向你请教。

由于你懂逻辑语，你能做出合乎逻辑的分析和评价，也能弄清别人的分析和评价到底是否符合逻辑。这样一来，你就能知道究竟应该相信什么，不应该相信什么；应该做什么，不应该做什么。

当然，单单掌握逻辑语，还不足以实现上述效果。逻辑语和各个领域的知识组合在一起，才能起效果。由于篇幅的限制，本书只关注逻辑语。

逻辑语以及背后的逻辑学，是研究推理形式的学问，也是帮助我们理性思考的工具。学习逻辑语和学习英语方法相似，我们需要掌握基础词汇，理解语法规则，从而学会遣词造句、组句成篇。当我们能长篇地输出英语文章或演说，也能理解别人的长篇文章或演说，"听说读写"都没有障碍时，就算掌握英语了。而当我们掌握基础的逻辑词汇，理解逻辑规则，学会如何将逻辑词汇组合成逻辑句子，再将逻辑句子组合成逻辑篇章时，我们就算掌握逻辑语了。

本书分为两大部分，第一部分是论证逻辑，也叫非形式逻辑，它包括四章。这部分主要介绍"日常逻辑语"，我们将学会识别论证、分析论证、评价论证、建构论证，重点是掌握名为"论证格式"的工具。我们也要学会提出批判性问题，养成批判性思考的习惯。在掌握"日常逻辑语"后，我们就能判断应该相信什么：

如果一个结论得到强有力的论证的支持，那么它就是可信的；否则，就暂时还不是可信的。

第二部分介绍形式逻辑，共六章。前两章介绍"古典逻辑语"，后四章介绍"现代逻辑语"。如果你的专业是计算机科学、数学、哲学等，已经学过离散数学、数理逻辑等课程，你应该会对形式逻辑感到熟悉和亲切。我相信本书强调的"逻辑语"这个隐喻，依然会让你这位"老手"得到启发。逻辑系统不仅是解题工具，不仅能帮我们编写计算机程序，还能帮助我们更好地识别、分析、评价、建构以自然语言呈现的论证。

按时间发展顺序，三种逻辑语分别有如下特点。

- 古典逻辑语：古典逻辑系统诞生于两千多年前，以亚里士多德写成《工具论》为标志。古典逻辑语探究的是范畴之间的关系，其中的抽象符号不太多，学习难度不太大，而且在日常生活中较为实用。

- 现代逻辑语：现代逻辑系统也叫数理逻辑系统，诞生于一百多年前，以弗雷格的《概念文字》（1879 年）出版为标志。现代逻辑语继承并完全超越了古典逻辑语。古典逻辑语能表达的句子、能处理的推理关系，现代逻辑语都能表达和处理。此外，它还能做到古典逻辑语做不到的事情。现代逻辑语唯一的缺点，就是有太多抽象符号，"数学恐惧症"患者可能不喜欢。

- 日常逻辑语：更专业的称呼是非形式逻辑系统或论证逻辑系统，在近几十年才有较大发展，以图尔敏的《论证的使用》（1958 年）出版为标志。这个领域还在不断发展，不断有新的理论、模型、系统、工具出现。日常逻辑语的抽象符号较少，适合所有人学习。本书给出的模型名为"论证格式"，是我站在前人的肩膀上设计的一套识别、分析、评价、建构论证的工具。

本书并未按时间顺序介绍这三种逻辑语言，而是将最实用的"日常逻辑语"放在第一部分。如果你想先学实用的技能和方法，应对紧急的需求，那么请先读第一部分。这部分类似"实用英语 100 句"，较少涉及原理，更多强调实操。第二部分则像"英语语法和词汇"，在系统地学习它之后，才算真正掌握了逻辑语。毕竟，在我们拥有主动造句能力后，"实用逻辑语 100 句"早已驾轻就熟，"常用逻辑语 1000 句"都不在话下。

对自己的数学实力有信心的朋友，可以先读第二部分，再读第一部分，这样你可能会对"论证格式"产生更深的体会，因为"论证格式"这一模型脱胎于现代逻辑语中的形式证明系统。

需要多长时间才能完全掌握逻辑语呢？虽然一两个星期就完全掌握不太可能，但掌握逻辑语肯定比掌握英语快很多。对大部分人来说，学习半年到一年就能掌握逻辑语了。每天抽出一点时间，搞清楚一个基本概念，弄明白一个基本方法，完成一组练习题，有一点进步，就足够了。

你还可以从附录 B 中找到推荐书目和一些免费的视频课程。

听老师讲解也许比只读书更有助于你坚持下来。

我还建议你和朋友一起学习逻辑语。学外语需要语言环境，需要经常和别人用外语沟通交流。我们如果经常用逻辑语和师友们沟通，就能从他们的反馈中得知自己哪里存在不足，哪里还需要继续向他们请教。

目录
CONTENTS

第一部分

PART 1

论证逻辑

批判性思维的习惯和能力

初识论证
打开逻辑之门

逻辑是不可战胜的，因为反对逻辑也必须使用逻辑。

—— 皮埃尔·布特鲁

能在头脑中容纳一个自己暂未认可的观点，这是接受过教育的标志。

—— 亚里士多德

我不会为我的信念去死，因为我可能错了。

—— 伯特兰·罗素

你能想象的取决于你所知道的。

—— 丹尼尔·丹尼特

现代心理学的一个令人惊讶的发现是，人们对自己的无知往往一无所知。

—— 丹尼尔·丹尼特

1.1　初识逻辑语：你说的话听起来不对劲

- 妈妈对刚上大学的女儿说："你要么专注于学习，要么谈恋爱。现在你是铁了心要谈恋爱，那你就是不想好好学习。"

- 爸爸说："壶里的水不能反复烧开，反复烧开就不能喝了，要接新的水来烧。"未成年的儿子说："其实水反复烧开后还是可以喝的。"爸爸说："你一个小孩子懂什么，我吃过的盐比你吃过的米都多。"

你觉得，在上面两个例子中，妈妈、爸爸说的话是否合理？我们是否应该相信他们的话？

要评价某个建筑物是否坚固，其抗风、抗震能力有多强，我们需要掌握一些物理学理论，尤其是力学理论。而要评价人们说的话是否靠谱、在理、经得起推敲，我们也需要掌握一些理论，也就是逻辑学理论，具体来说，就是"论证理论"。

先来看妈妈的话。她的目标是说服女儿不要谈恋爱。虽然她只说了短短两句话，却有很多言外之意。我们对妈妈的思路，以一种条理清晰、步骤严密的结构化方式，分析如下：

1. 女儿要么打算谈恋爱，要么打算专注于学习。（假定的）
2. 女儿铁了心要谈恋爱。（假定的）
3. 女儿就是不想好好学习。（由 1 和 2 推出的）
4. 女儿是全职的学生，应该专注于学习。（假定的）
5. 女儿没有做到她应该做到的事。（由 3 和 4 推出的）
6. 如果一个人没有做到自己应该做到的事，就应该改变自己的行为。（假定的）

因此，7. 女儿应该改变自己的行为，也就是不要谈恋爱，而要专注于学习。（由 5 和 6 推出的）

妈妈希望女儿接受 7 这个结论。但是如果只说 7，不给出理由来支持它，那么女儿不一定会接受这个结论。女儿可能会问："为什么？为什么不能谈恋爱？"

于是，为了真正说服女儿，妈妈还给出了理由，例如，"你要么专注于学习，要么谈恋爱"。同时，妈妈还有一个没说出来的隐含理由，即"你应该专注于学习"。

假设女儿刚好上了逻辑学选修课，学了"论证理论"，并且女儿和妈妈关系亲密，可以有话直说。女儿可能这样回应："妈妈，我认为你的话有漏洞，或者说，有一个逻辑谬误，叫'虚假两难'。你认为'谈恋爱'和'学习'不可兼顾，选择了一个，就不能同时选择另一个。但实际上，谈恋爱和学习是可以兼顾的，我既打算谈恋爱，也打算认真学习。"

换句话说，女儿认为，在 1～7 这七句话当中，至少 1 是不能接受的。而 7 的成立依赖于 1，既然 1 不成立，那么 7 就不成立。就像盖房子，第一层楼没有盖好，建立在第一层楼之上的第七层楼也不可能稳固。

再来看爸爸和儿子的对话。他们俩对一件事有不同的判断：爸爸认为反复烧开的水不宜饮用，儿子则认为反复烧开的水依然可以饮用。爸爸希望儿子接受自己的想法，于是他说："你一个小孩子懂什么，我吃过的盐比你吃过的米都多。"

我们以同样的格式分析爸爸的思路：

1. 如果一个知识和经验都更丰富的人与一个知识和经验都不丰富的人对某件事有不同的判断，那么前者的判断是正确的，后者的判断是错误的。（假定的）
2. 与未成年的儿子相比，爸爸的知识和经验都更丰富，

即俗话说的"爸爸吃过的盐比儿子吃过的米都多"。（假定的）

3. 如果未成年的儿子和爸爸的判断不一样，那么爸爸的判断是正确的，儿子的判断是错误的。（由 1 和 2 推出的）

4. 爸爸的判断是，水反复烧开后便不适宜饮用。儿子的看法相反。（假定的）

因此，5. 反复烧开的水不适宜饮用。（由 3 和 4 推出的）

假设儿子也学了一些逻辑学知识，他可能会发现，在 1～5 这五句话中，1 是经不起推敲的。他也许会这么回复："爸爸，我认为你的话有一个逻辑谬误，叫'因人废言'。你认为我的知识和经验不够丰富，所以我说的话都不可信。但这是错误的推理方式，按照这种方式来推理，会得出荒谬的结果。比如，我认为地球绕着太阳转，而我的知识和经验都不丰富，我的话是错误的，那么地球就不绕着太阳转了吗？这太荒谬了。你的推理方式是不合理的。在'反复烧开的水能不能喝'这个问题上，其实我的看法可能才是恰当的。"

假设爸爸没有被轻易说服。他说："我并不是说你说的所有话都不可信，只是在这个问题上你搞错了。不是我一个人这么想，很多人都说反复烧开的水不能喝。难道你觉得只有你是对的，那么多人都搞错了？"

我们再用一种格式化的方法来分析爸爸的思路：

1. 如果很多人都有某种看法，那么这种看法就是正确的。

（假定的）

2.很多人都认为，水反复烧开后不适宜饮用。（假定的）

因此，3.反复烧开的水不适宜饮用。（由1和2推出的）

儿子分析出爸爸的思路后，则可能这么回复："爸爸，你这话里又有一个逻辑谬误，它属于'因人纳言'，具体叫作'诉诸大众'。你认为，如果很多人都有某一种想法，那种想法就是合理的。可是，历史上很多人都认为太阳绕着地球转，但事实是地球绕着太阳转。当下也有很多人有错误的想法。你一定看过很多网上的谣言，很多人都相信了。所以，我们不能根据'很多人都有某种看法'，推理出'那种看法是正确的'。"

假设爸爸还没有被说服。他又说："我说的不是会听信谣言的蠢人。这是你赵叔叔告诉我的，他是大学教授，是专家，他的话难道不可信？"

爸爸的思路大致如下：

1.如果某人是专家，那么这个人说的话是正确的。（假定的）

2.赵叔叔是专家。（假定的）

3.赵叔叔曾说，水反复烧开后不适宜饮用。（假定的）

因此，4.水反复烧开后不适宜饮用。（由1、2、3推出的）

儿子说："爸爸，你的话里还有逻辑谬误，叫作'诉诸伪权威'，这也是因人纳言的一个子类。不能因为权威人士说了某番话，就相信那番话是正确的。牛顿是人类历史上最伟大的科学家之一，但他也曾认为可以从圣经中隐藏的信息里，计算出世界末日是哪天，这显然很荒谬。再聪明、再权威的人，也可能有错误的想法，说出的话也可能是不正确的。在烧开水的问题上，如果赵叔叔也那么想，那只能说明，赵叔叔和很多人一样搞错了。"

假设爸爸依然没有被说服，他又说："你就是读了一些书，翅膀硬了。我是为你好，不希望你喝不健康的水，影响身体健康。你这孩子，怎么不听话呢？"

爸爸的话"微言大义"，有多重含义。我们将爸爸的思路，分析成两个论证。第一个如下：

1. 如果某人的动机是善意的，那么此人说的话是正确的。（假定的）
2. 爸爸的动机是善意的。他告诫儿子，饮用反复烧开的水不利于身体健康。（假定的）
因此，3. 饮用反复烧开的水不利于身体健康。（由1和2推出的）

第二个如下：

1. 如果某人的动机是恶意的，那么此人说的话是错误的。（假定的）
2. 儿子的动机是恶意的，他故意顶嘴，所以才说反复烧开的水依然可以饮用。（假定的）
因此，3."反复烧开的水依然可以饮用"是错误的。（由1和2推出的）

儿子又说："爸爸，你这话里也有一个逻辑谬误，叫'诉诸动机'。你认为，如果某人的动机是善意的，他说的话就是正确的。可是，要说出正确的话，光有善意的动机远远不够，还需要很多知识。比如，我认为咱们小区门口的桥造型奇怪，一看就不坚固。为了大家的安全，我希望加固一下那座桥。但这并不能推理出，那座桥就真的不坚固。我还需要物理学知识和仪器，测量、收集、计算相关数据，才能真正知道那座桥是否坚固。光有善意的动机是不够的。"

儿子还说："爸爸，诉诸动机还有另一种形式，就是根据恶意的动机推出某番话是错误的。你认为我故意顶嘴，不认同你说的话，所以我说的话就是错误的。但这种推理方式也不靠谱。我不是故意顶嘴，而且就算我是故意顶嘴，也不意味着我就说错了。在'反复烧开的水能不能喝'这个问题上，我的看法才是正确的。"

爸爸依然不服气，他说："你凭什么说你的看法才是正确的？你的看法，难道就比那么多人、赵叔叔还有爸爸我的看法都更合理？"

儿子说："因为我可以用一种严谨的格式，推理出'反复烧开的水还能喝'这个结论。"

儿子的推理是这样的：

1. 如果一些水在 T1 时刻是可以喝的，那么只要它的物理性质和化学成分没有发生变化，它在 T2 时刻也是可以喝的。（假定的）

2. 反复烧开的水的物理性质和化学成分没有发生变化。（假定的）

因此，3. 反复烧开的水依然可以喝。（由 1 和 2 推出的）

不仅如此，儿子还能推理出，反复冻成冰再融化的水也可以喝。或者，反复经历各种过程的水，只要其本身的性质不变，没有被加入别的东西，只要它之前可以喝，之后依然可以喝。

你觉得儿子的这番推理合理吗？如果你认为它不合理，那么是为什么？是 1 不合理，还是 2 不合理，抑或是 1 和 2 联合起来推出 3 的过程不合理？

儿子的这番推理在逻辑学的角度是有效的。儿子能做出有效的推理，给出令人信服的论证，成功识别出赵叔叔和爸爸以及很多人的看法不合理，这多亏了儿子掌握逻辑学这门语言。而爸爸的逻辑语水平，至少在这个案例中不如儿子。

从这两个案例中，不难发现，掌握了逻辑学理论，能帮助我们区分合理的话和不合理的话。

合理的话，背后一定有合理的论证来支持它。不合理的话，要么没有论证支持它，要么支持它的论证其实不合理。

就像坚固的建筑一定有牢固的地基。一般人只能看见建筑盖得有多高、多宏伟，但如果我们懂一些建筑学或土木工程学的理论，我们的眼神就会更加锐利，就能一眼看出地基是否牢固。只要我们懂一些逻辑学理论，就能透过人们说或写出的只言片语，看到其背后的思路和论证。

如果没有风雨或震动，也许两栋并排而立的建筑，看上去都很坚固。但只有地基牢固的那栋建筑，才能经得起外力的考验。如果每个人都无条件相信别人的话，都不去推敲别人的话是否合理，那么或许每句话看上去都挺合理。但只有背后有合理论证支持的话，才经得起推敲，才真正合理。

为了区分合理的话与不合理的话，为了找到真正值得相信的结论，排除那些貌似可信而实际上不可信的结论，我们需要学习一些逻辑学理论。为了去伪存真，我们需要掌握逻辑学这门语言。

1.2 论证的结构和功能：说服人们相信某个结论

论证是给出一些理由和证据来支持某个结论的过程。论证的目标是让人们更愿意相信某个结论。

下面的例子都包含论证。

- 李四：我觉得小明就是偷我的钢笔的人。他最近都不敢直视我的眼睛。我丢钢笔的那个中午，只有他一个人在办公室。我回来后钢笔就不见了。最重要的是，张三也认为是小明偷的。张三看人一向很准。

- 刘医生：根据这张 X 光片，你的颈椎不正常。你的手麻，可能是颈椎处的神经被压迫导致的。所以，你应该对颈椎做一些理疗。

- 赵侦探：这个案子很复杂。死者李某看似是他杀而死的，实际上更像自杀后被人伪装成孙某杀害的。死者和孙某无冤无仇，所以最有可能是有人发现死亡现场后，伪造了一些证据来误导警方。而最先发现死亡现场的周某，嫌疑最大。

- 王五对司机说：师傅，你听我的，不要按导航走。我在这里住了好多年了，你在前面的路口左拐，马上就到了。

如果只保留这些例子中的结论，就不算论证了。

- 李四：小明是偷我的钢笔的人。
- 刘医生：你应该对颈椎做一些理疗。
- 赵侦探：周某嫌疑最大。
- 王五：你不要按导航走，在前面路口左拐。

所以，论证必须包含两个部分。第一个部分是"结论"，又叫"主张"，这个部分是给出论证的人最终希望人们相信的事，或者希望人们去做的事。第二个部分是"理由"，也叫"证据"或"前提"，是给出论证的人用来支持结论的内容。

被期望接受论证的人，简称为"受众"；给出论证的人，简称为"论者"。论者为什么要给出理由来支持结论呢？是因为论者觉得，受众不一定会相信结论。

如果人们不质疑结论，论者就不需要给出理由和证据来支持结论。下面这些例子中，论者没有给出理由，因为论者认为结论没有争议，受众会直接相信它们。

- 李老师：1+1=2。
- 李老师：地球绕着太阳转。
- 李老师：我喜欢吃草莓。

人类是聪明的，通常不会盲目相信所有结论。不严肃地说，盲目相信所有结论的人过于愚蠢，所以无法赢得异性的青睐，没有交配的机会，因而没有将"盲信基因"传给后代。而我们现代人其实都是比较聪明的原始人的后代。

我们这些聪明人不会一股脑地相信所有的信息。我们知道，其他人可能骗我们，就算没有骗我们，也可能因为某种差错，传递给我们错误的信息。例如，例子中的刘医生可能在骗我，他想从理疗中获取回扣。或者，刘医生不是在骗我，而是搞错了，考虑得不够周全，没想到手麻可能是由肘部尺神经受到压迫引起的，不一定是颈椎的问题。

要想让聪明人相信某个结论，论者必须给出足够好的论证。什么样的论证算是足够好的论证呢？要回答这个问题，就要用到评价论证的 AV 标准。满足 AV 标准，就是足够好的论证。

A（acceptability）指可接受性：理由都是真的、值得相信的、可接受的、暂时不用怀疑的。

V（validity）指有效性：如果理由都是可接受的，那么结论就是可接受的。

在前面的案例中，王五对司机说了一个论证，司机就要运用 AV 标准来判断王五的论证是不是好的论证，从而决定是否相信王五的结论。

司机会先分析王五的论证是什么：

1. 王五认为应该在前面的路口左拐，导航软件的指示与王五所说的不同。（假定的事实类命题）

2. 王五在这片地区住了很多年，对这里的道路情况非常熟悉。（假定的事实类命题）

3. 与导航软件相比，王五给出的行车路线更节省时间。（由 2 推出的事实类命题）

4. 司机应该按照更节省时间的路线来行车。（假定的价值类命题）

因此，5. 司机应该听从王五的指示，在前面的路口左拐。（由 1、3、4 推出的政策类命题）

请先不考虑上面括号里的文字，我会在第 2 章中介绍。现在司机已经以某种格式完成了对论证的分析，将王五给出的论证清楚地重构、改写出来，接下来他就要用 AV 标准来评价王五的论证了。

应用 AV 标准，司机如果认为 1～4 都可以接受，他就会认为 5 也可以接受。如果司机认为 1～4 中至少有一句话不能接受，他就不会接受 5。例如，司机可能不相信王五在这里住了很多年，不认为王五很熟悉这片地区；或者司机认为导航软件规划的路线比王五所说的更节省时间；或者司机不认为应该按照最节省时间的路线行车，而应该按照最安全的路线行车；又或者他有其他考虑。

还要留意一点：即使司机认为这个论证满足 AV 标准，是好的论证，这也不意味着该论证的结论是真的，而只意味着该结论是可信的。例如，司机在前面的路口左拐后发现路面正在施工，不得不退出来走另一条路。这时，我们可以说"5. 司机应该听从王五的指示，在前面的路口左拐"这个结论为假。但在司机得知"路面施工"这一新信息之前，如果他接受了 1～4，并且认为1～4 能有效地推理出 5，那么他可以合理地相信 5。

从 1～5 中，我们还能看出论证最基本的结构：一个论证包含一个或多个理由，和一个主要结论。

作为过程的论证，是指给出一些理由和证据来支持一个结论的动作和过程。在不同的情况下，论证又叫推论或推理。结论又叫"主张"或"主要思想""中心思想"。理由又叫"前提""证据""假设""原理"或"理据"。

作为结果的论证，是指由一些理由和一个结论组成的一组句子。根据约定，一个论证中只有一个主要结论。如果一段话有多个主要结论，那么它就包含多个论证。对于每个论证都要单独分析，每句话要单独占一行。请不要为了节约用纸，把多个论证的分析密密麻麻地写在一起。

问题来了，我们怎么知道别人说的一段话、写的一组句子里是否包含由理由和结论组成的论证呢？

"王五你好，我叫李四。我很喜欢你的摄影作品，比如你上次拍的日落。我也觉得你很有才华，想和你交个朋友。可不可以告诉我你的联系方式？"这段话里就不包含论证。

单纯地描述一件事情、表达自己的情感、举例子来澄清自己的想法、提出某个请求，都不算论证。

找到论证的方法之一，是看有没有特定的指示词。有时，结论之前会有"所以""因此""由此可见""可得""这表明"这样的指示词，但有时没有。而理由之前，有时会有"因为""根据""由于""理由是"这样的指示词，但同样有时没有。

还有时，一段话中出现了"因为"或"所以"这样的指示词，但说话人并不是在给出论证。例如，"因为大气中的微粒使得波长较短的蓝光散射开来，所以天空看起来是蓝色的"这句话里，"所以"后面并不是一个结论。"天空看起来是蓝色的"是一个无争议的现象，而"因为"后面的句子并非让我们相信这一现象的理由，而是在解释和说明出现这一现象的原因。

所以，依靠指示词来识别论证不太可靠。更好的方法是揣摩论者的意图：仔细想想，说出那段话的人，是否试图让你相信某个有争议的结论？

论证的功能是让人们更相信某个结论，那么这个结论至少要有一点争议和不确定性。如果一个结论所有人都确信，就不需要论证了。

而论证之所以能实现这个功能，本质上是因为论者给出的理由和证据比结论更可信。当论者用一个或多个可信度更高的理由支持一个可信度较低的结论时，结论的可信度就会或多或少提高一些。

例如，李四的结论是"小明偷了李四的钢笔"。李四觉得，这个结论并非百分之百确定，并非毫无争议。所以，李四给出了一些可信度更高的理由来支持这个结论。李四给出的理由很多，如小明不敢直视李四的眼睛，小明有作案的时间和机会，擅长观察人类行为模式的张三也认为盗窃者是小明。

通常，我们会认为这些理由比结论更可信。不过，人们也可以怀疑这些理由。我们可以对李四说："有没有可能是你太过敏感，误以为小明没有直视你的眼睛就是不敢直视你的眼睛？你怎么知道小明一直在办公室？他有没有可能在你不知道的情况下出去了？张三是如何做出判断的？张三的判断正确率有多高？"

当人们质疑李四给出的理由时，李四就可以给出更多新的理由，来支持原先的理由。此时，原先的理由既是某个论证的结论，又是另一个论证的前提。

这种由多个论证组成的一串论证，就像一座不断往上搭建的高塔（如图 1-1 所示）。只要下层足够稳固，上层也会足够稳固。

在日常生活中，我们会说，那些能建立起稳固的论证高塔的人，能分析和评价别人建立的论证高塔是否稳固的人，就是值得称赞的聪明人。虽然聪明人做出的判断和决策并不必然是真的或最优的，但通常都是可信的或较优的。

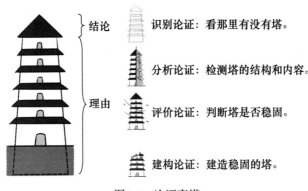

图1-1　论证高塔

复　习

（1）论证是给出一些理由和证据来支持某个结论的过程。这个过程产出的结果也叫论证，它由理由和结论两部分组成。理由又叫前提、证据、假设、原理、理据；结论又叫主张、主要思想、中心思想；论证又叫推论、推理。

（2）一个好的论证要满足 AV 标准，A 是"可接受性"，即"理由都是可接受的"；V 是"有效性"，即"如果理由都是可接受的，那么结论也是可接受的"。

（3）论证的功能就是让人们更相信某个结论。这一功能之所以能实现，是因为论者给出了可信度较高的理由来支持可信度较低的结论。

（4）如果一个论证中的理由可信度不够高，依然不被人们接受，那么论者通常会给出一些新的理由来支持这些理由。此时，这些理由既是某个论证的结论，又是另一个论证的前提。这样多个论证就串联在了一起。

（5）有时候，论证中会出现一些指示词，如"因为……所以……""根据……可得……""由于……因此……"等，但也有时，论证中没有这些指示词。一句话中出现"因为……所以……"，有时也不是在给出论证，而是在给出解释和说明。所以，识别论证最好的方法，是揣测论者是否有说服你相信某个有争议的结论的意图。

1.3 论证的局限性：为什么有必要学习论证

假设一个无神论者和一个基督徒辩论，你觉得，无神论者有可能仅凭论证说服基督徒相信世界上没有上帝吗？基督徒有可能仅凭论证就让无神论者相信上帝存在吗？

大部分情况下，双方说服不了彼此。

假设某人有个根深蒂固的想法：女人天生不如男人，那么，这个人会寻找无数证据支持自己的想法。他会发现，女人体力差，不理智，不能为社会进步做贡献。而当他发现体力好的女人、理智的女人，以及优秀的女性科学家、工程师、医生、教师等杰出女性时，他会认为她们只是个例，不能代表所有女性，甚至可能认为她们都是靠男人上位的，其实并不优秀。

反过来也一样，如果某人脑中已经埋下了"男人天生不如女人"的种子，那么这个人就只能看见支持这一结论的证据，看不见任何相反的证据了。

人们脑中埋藏着一些根深蒂固的想法。这些想法就像奴隶主，控制着人的行为，让人只能看见自己想看见的，看不见不想看见的东西。

论证的功能是让人们相信某个结论。但在人们无法控制思想，反而被思想控制时，再好的论证也无法改变人们根深蒂固的想法。我们的一些思想是由父母、老师以及朋友们，在数十年的时间里潜移默化地"传染"给我们的。它们扎根太深，以至于放弃这些思想，就像在不麻醉的情况下做开颅手术一样让我们痛苦。所以，论证只能让人们相信自己并不强烈排斥的结论。如果某个结论和某人最核心的想法相冲突，那么再好的论证也改变不了那个人的想法。

论证的局限性之一，就是再好的论证偶尔也无法让人们相信某个结论。除此之外，论证还有一个局限：论证的功能可以被代替。

很多时候，我们可以通过其他方式来让别人相信某个结论，不需要给出好的论证。例如，在军队里，长官对士兵说："一连主攻，二连掩护一连。"此时，长官并不需要向士兵给出论证，士兵自然会服从长官的命令。

如果人与人之间有权力的差距，权力大的人能迫使权力小的人服从，那么权力大的人就不用给出论证。只有当权力差距不明显时，论证才能发挥作用。例如，在一个参谋室里，张参谋和李参谋有不同的作战策略。由于两人平级，所以权力就要让位给论证。两人必须给出足够好的论证，才能说服对方相信自己的结论。

除了权力外，利益和情感也能让人们相信某个结论。例如，小明负责采购 50 台计算机。理论上，他要经过一番论证，寻找预算范围内最优质的计算机。但如果电脑销售人员张三请小明吃了几顿饭，还送了不少礼，小明就可能得出"应该采购张三提供的计算机"这个结论。这样的例子还有很多。比起好的论证，利益时常更能打动人心。

利用情感说服他人的例子也很多。惊讶、焦虑、羡慕、喜悦、恐惧、愤怒、沮丧、自豪、羞愧等情绪，就像人们脑中的按钮。广告商很擅长活用文字、图像和声音来触发人们的情绪按钮。当按钮被按下后，人们会做出相应的行动：购买某种商品、相信某种观念、拥护某位候选人，或者攻击某个"敌人"。

如果几张帅哥美女的照片、几句押韵的广告词、几段洗脑的背景音乐就能让人们相信某个结论，为什么还要论证呢？可见，当我们想让人们相信某个结论、听从某个指令或建议时，给出好的论证并不总是有用。诉诸权力、利益或情感，效果可能更好。

你可能会问，既然论证并不总能发挥作用，我们为什么还要学会论证呢？我们学习如何识别、分析、评价和建构论证，还有什么意义呢？

首先，论证至少偶尔能发挥作用。我从同行那里，听说了一个真实的案例。

林老师在外语学院工作，教授英语演讲和辩论。他有一个学生，姑且叫他"小明"。小明一大家子在讨论要不要卖掉农村的房子，小明作为本科刚毕业的晚辈，本是插不上话的。不过，他一直默默听着长辈们的意见。晚上，他用在英语课上学到的"批判性思维和问题解决方法"，就要不要卖房子的问题，写出了一个几页纸篇幅的完整分析方案。第二天，他依照稿子向长辈们陈述了自己的意见。一位说话很有分量的叔叔说："小明这孩子思考得很透彻，考虑得比我们都全面。他是专业的。这个事情，我们就按他的意思办。"

说服长辈们采纳自己的建议后，小明很高兴。他将这段经历告诉林老师："林老师，我最近有一次学以致用的经历，只可惜没用上英语。"在小明向林老师讲述了这个故事后，林老师比小明还开心。他连忙说："没用上英语一点也没关系。"在之后的授课中，每当台下有学生问"我们学批判性思维，学论证分析和评价的模型有什么用"，林老师总会说起小明的故事。

这个案例说明，至少在一些情况下，只要你能给出合理的论证，哪怕你是个"无名小辈"，也能说服你本来觉得不可能说服的人。

不仅如此，论证除了是一种说服的力量，还是一种求真的力量。运用论证的方法，我们能去探究真相，真相总是值得相信的。虽然有时我们会被权力、利益或情感打动，相信虚假的信息，做出不恰当的决策，但事后我们会明白，那时我们做错了。即便你无法用论证的方法说服别人，你也应该学会用它帮助自己找出真正可信的结论。假设小明的分析是合理的，但他依然无法说服长辈们，那么至少长辈们在尝到错误决策的苦头后，就会明白当初应该相信小明的理性分析。

练 习

（1）回忆两段亲身经历，一段是你认为自己用了好的论证，但依然无法说服他人；另一段是他人用了好的论证，但依然无法说服你。

（2）回忆两段亲身经历，一段是你没有使用论证，就让别人相信或听从了某个结论；另一段是他人没有使用论证，就让你相信或听从了某个结论。

1.4 区分不同语境中的论证：从复杂的现实对话中过滤信息

在前文的例子中，论证似乎是一场独角戏。李四、刘医生、赵侦探、王五这些论者都只单方面地说了一些话，而受众似乎只被动地听着，不会发表自己的想法。

在现实生活中，论证不是某个"麦霸"的独角戏，而是多人之间的对话。根据加拿大逻辑学家道格拉斯·沃尔顿（Douglas Walton）的研究，我们可以将对话划分为 7 种类型（见表 1-1）。

表 1-1 对话的 7 种类型

类型	初始情境	参与者的目标	对话的目标
说服（persuasion）	意见冲突	说服另一方	消除或澄清议题
探究（inquiry）	需要证明	发现并检验证据	支持或反对某个假说
探索（discovery）	需要解释	找出合适的假说	选出最佳假说以便验证
谈判（negotiation）	利益冲突	获得自己想要的东西	达成各方都能接受的协议
情报（information）	需要信息	获得或给予信息	交换信息
决策（deliberation）	实践选择	匹配目标与行动	制定最佳可用行动方案
争吵（eristic）	个人冲突	用语言伤害对方	揭示更深层的冲突

为什么要区分不同类型的对话？因为论者在不同对话中想要达成的目标不同，其遵守的规则相应就有所不同。所以，虽然对于不同类型的对话，我们都用 AV 标准来评价论证，但判断某个理由是否可以接受的标准会有所不同。

例如，在**探究**语境中，一名侦探想要找到证据支持"张三情杀李四假说"，或反对"王五仇杀李四假说"。此时，侦探不能说："如果你不相信我的假说，我就罢工。"但在**谈判**语境中，员工想要确保自身利益，可以对老板说："如果你不付加班费，我们就要罢工了。"

在**决策**语境中，对话的各方如果没有利益冲突，往往会选择友好合作，大家同心协力，试图设计出成本低、收益高、风险可控的行动方案。即便意见不合，也会给出建设性的批评建议。而在**争吵**语境中，双方往往剑拔弩张，谩骂、侮辱对方，阴阳怪气地暗示对方不聪明。但在其他语境下，这样做是实现不了论者的目标的。

论证总是发生在具体的对话中。对话参与者在某个具体的时刻和场所，因某个原因，开展了一场对话，试图达到某种目标。当目标变化时，人们给出的论证就会变化，因为在不同类型的对话中，对话参与者担负的举证责任有所不同，判断论证好坏的标准也有所不同。

这意味着，现实生活中的论证，往往比逻辑学教科书里的论证复杂得多。现实生活中的论证，往往藏在一大段话里面。我们必须先理解整段话，再去掉无关信息，提炼出论证的精简结构。而教科书里的论证，往往已从语境背景中提取出来了。

在分析和评价现实生活中的论证时，我们还要考虑对话者之间的关系和对话的内容。摆在我们面前的有时是技术专家之间的对话，有时是专家和外行之间的对话，有时是外行之间的对话。

对话的内容，有时是专业领域内的问题，有时是日常生活中的个人问题，有时是涉及公众利益的公共问题。针对不同的关系和内容，我们要提出不同的问题，以获得针对性的信息，从而判断理由是否可以接受。

在现实生活中，我们经常连正确的问题都不知道，又怎能给出正确的答案的呢？想要提出正确的问题，给出正确的答案，我们需要大量情报。七种对话类型中的情报也可以叫作"获取信息"。持之以恒地获取信息，追求更大的情报量，是批判性思维者最宝贵的习惯之一。如果你想给出好的论证，仅仅掌握逻辑学的思维方式是远远不够的。如陆游所说：汝果欲学诗，工夫在诗外。在论证逻辑中，工夫也在逻辑学之外。

最后，让我们来看一个对话中的论证的实例。这个例子由加拿大学者莎伦·拜林（Sharon Bailin）和马克·巴特斯比（Mark Battersby）提供。

协助死亡

南希：（看着手机）太好了！时候到了。

拉维：你激动什么？

南希：他们通过了一项法案，规定医生协助自杀是合法的，叫"濒死医疗救助"。这项法案早该通过了。

拉维：你是说，你同意这个决定？

南希：当然。人们拥有控制自己生活的基本权利，而这必须包括决定在何时结束自己的生命的权利。

拉维：等一下。在我们的社会中，杀人是不被允许的。这才是我们真正要讨论的。

南希：杀人？得了吧，拉维，那是一个有情感色彩的词。自杀并不违法，帮助人们做他们有权去做的事情，也称不上杀人。

拉维：但是，对于那些有智力上的障碍或严重抑郁的人来说呢？他们真的有能力做出那种生死抉择吗？

南希：可以通过一些法律限制来处理这些潜在的问题。

拉维：但是你忘记了一些非常基本的东西，南希。重视人的生命是我们最基本的价值观之一。

南希：但还有生活质量的问题。没有任何理由不允许濒死的人有尊严地死去，强迫他们忍受那些难以忍受的痛苦。

拉维：但还有不少方法能减少这些痛苦，比如药物、姑息治疗和临终关怀。

南希：虽然如此，但这并没有真正解决人们的问题。人们有权选择死亡的时刻。

拉维：但允许协助死亡会削弱人们对于姑息治疗和临终关怀的支持。

南希：有什么理由认为那会发生？我不知道。我们可以吸取荷兰的经验，那里协助死亡早已合法化了。此外，允许医生协助死亡会节省很多成本，我们已经投入太多资源用于临终关怀了。

拉维：但是，基于金钱来做关于生死的决策，显然是不道德的。

南希：但这笔钱可以用于其他形式的医疗保健，可以拯救别的生命。

拉维：但是，我最担心的是，此举会导致其他我们不希望发生的结果。比如，人们在未经自己同意的情况下，"被协助死亡"。或者因为家人的压力，被迫选择协助死亡。对于老年人来说，这个问题更明显。因为担心成为家人的负担，老年人可能感到不少压力，驱使他们选择死亡。

南希：我们必须确保有适当的保护措施来防止这种情况出现。

拉维：这还可能导致人们觉得残疾人是无用的，应该被协助死亡。我的一些残疾朋友正担心这一点。

南希：我看不出这条法案会导致那种结果。

拉维：还有一个顾虑，如果精神上的痛苦也被包含在那条法案里，那可能会导致抑郁症患者选择协助死亡。

南希：我认为明确的程序和限制可以解决这些问题。

拉维：你相信协助死亡这项措施在实施时是可以控制的，但我没有你这么足的信心。总之，这项法案有关取人性命，所以我无法支持它。

南希和拉维的对话包含许多论证，它们组合在一起形成了两大串论证，一串支持"医生协助自杀这一行为应该被合法化"，另一串则反对这个结论。

我们总说当局者迷，旁观者清，但当这两大串论证分散在对话中时，不说南希和拉维这两个当局者，就连我们这些旁观者也"清"不到哪里去。

　　所以，我们需要一种工具来帮助我们运用 AV 标准，分析和评价这些论证。这种工具叫作"论证格式"。

练 习

　　请在读完第 2 章和第 3 章之后，试着用论证格式来分析、评价南希和拉维的对话中的所有论证。

本章的关键词 ————————————————

论证理论（argumentation theory）：研究论证的结构、功能、起源、演变、类型等种种特征的理论。一个论证理论通常也会给出一种识别、评价、分析、建构论证的方法。

论者（arguer）：给出论证的那个人或那群人。

受众（audience）：听到或读到论证的那个人或那群人。

论证过程（argumentation）：就是给出一些理由来支持一个结论的过程。这个过程又叫推论（inference）或推理（reasoning）。

论证（argument）：论证过程产出的结果也叫论证，即由一些理由和一个结论组成的一组句子。

理由（reason）：又叫证据（evidence）、前提（premise）、假设（assumption）、原理（rationale）、理据（warrant），是在一个论证中起到支持结论的作用的句子。

结论（conclusion）：又叫主张（claim）、主要思想（main idea）、

中心思想（central idea），是论者最终希望人们相信的事情，或者希望人们去做的事情。

AV 标准（AV criteria）：评价论证好坏的标准。AV 标准由 A 和 V 两个条件组成，A 指可接受性（acceptability），即理由都是可接受的。V 指有效性（validity），即如果理由都是可接受的，那么结论就是可接受的。

论证格式

装备逻辑武器

一个愚蠢的人对一个聪明人所说的话的转述永远不会准确,因为他不自觉地把他听到的东西翻译成他能理解的东西。

—— 伯特兰·罗素

混淆符号与对象这一原罪是与语词同时诞生的。

—— 威拉德·蒯因

一切可以被思考的事情都可以被清楚地思考。一切可以被说的事情都可以被清楚地说。

—— 路德维希·维特根斯坦

科学不只是犯错,还是公开地犯错。在所有人都能看见的情况下犯错,以便让其他人来帮忙改错。

—— 丹尼尔·丹尼特

在任何探究领域中,哲学就是在你还没有搞清楚应该提出什么问题时,所不得不思考的事情。

—— 丹尼尔·丹尼特

2.1　初识论证格式：分析和评价论证的好工具

有了螺丝刀，我们能更好地拧紧或拧松螺丝；有了显微镜，我们能看清楚细微的物体；有了纸和笔，我们能将信息保存下来，而不只储存在容易遗忘信息的大脑中。人类能利用各种各样的工具，完成肉体难以完成的任务，这些工具让人类变得更强大。

"论证格式"是一种分析、评价和建构论证的工具。有了它，我们在处理论证时，就能更得心应手。不过，"论证格式"并非实体工具，无法拿在手上，而是思维工具，像一个心智软件，我们需要将其安装进脑中。

为了安装"论证格式"，我们先来看一道几何证明题。

如下图所示，已知∠A=∠D，AB=DE，AF=CD，BC=EF。求证：BC∥EF

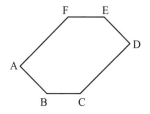

这道题并不难。我们先做两条辅助线，分别连接 F 和 B、E 和 C。这样就有了三角形 ABF 和三角形 DEC。接下来，证明这两个三角形全等。再接下来，证明四边形 BCEF 是平行四边形。最后就可以证明结论：BC 平行于 EF。

在日常生活中，我们可以用上面这一段随意的话来展示解题思路。但在考试时，写在试卷上的答案要严谨、正规：

做辅助线，连接 F 点和 B 点、E 点和 C 点。

∵ ∠A= ∠D（已知条件）

∵ AB=DE（已知条件）

∵ AF=CD（已知条件）

∴ △ABF 与 △DEC 全等（两边及其夹角相等的三角形是全等三角形）

∴ FB=CE（全等三角形的对应边相等）

∵ BC=EF（已知条件）

∴ 四边形 BCEF 是个平行四边形（对边相等的四边形是平行四边形）

∴ BC ∥ EF（平行四边形的对边平行）

在上述几何证明中，∵ 符号右边是理由，∴ 符号右边是结论。括号内的文字，表示括号前的内容是如何得来的，其中的内容只有两种可能：要么是已知条件，要么是根据已知条件和公认的几何推理规则推理出来的。

论证格式和上述几何证明非常相似。日常生活中的论证就像口头表达的随意的几何证明，而论证格式则像写在试卷上的更正式也更严谨的几何证明。

来看下面这个案例。

辩题：发生校园霸凌后，应该惩罚霸凌者的家长吗？

有人认为：青少年是未成年人，心智不够成熟，还未形成完整的是非观与价值观，很容易被生活环境、舆论、影视内容及明星偶像影响，因此当他们参与校园霸凌时，真正应该受惩罚的是教育他们的家长——家庭对一个人的影响是最大的，家庭教育为一个人的成长奠定了基础，不同的家庭环境与生活习惯造就了不同的性格思想。发生校园霸凌，说明家长对施暴孩子的教育是失败的或缺失的，应该惩罚家长以警醒他们。青少年受《未成年人保护法》的保护，在施暴产生严重后果，比如造成同学死亡时，并不会受到与成年人同等严重的惩罚，这对于受害者及其家人伤害很大，需要额外惩罚家长来弥补受害者心中的不平衡。

也有人认为：校园霸凌的施暴者是学生，学生作为一个人，作为独立个体，应该为自己犯的错误承担责任、承担后果。施暴者只有自己受到相应的惩罚，才会反省自己，进而悔改，而家长没有义务为其承担后果。当霸凌事件发生后，对施暴者的惩罚界定会综合各种情况，包括其家庭环境、过往遭遇等。已发生的霸凌足够严重，足以引起家长重视，使之反省自己的教育问题，他们不需要额外的惩罚警醒。校园霸凌发生在学校，说明学校管理不当、监督不够，老师管理失职、不够关心学生，学校比家长更有责任。司法体系要求对施暴犯罪者进行惩罚管制，对施暴者以外的人的额外惩罚不符合法律程序及法律规定，会破坏法律的官方性、权威性。

这段文字是从网上找到的辩论素材。接下来，我们以上述文字作为原始材料，用"论证格式"分析并评价其中的论证。原始材料较长，我们需要将其拆分为小段。

- 青少年是未成年人，心智不够成熟，还未形成完整的是非观与价值观，很容易被生活环境、舆论、影视内容及明星偶像影响，因此当他们参与校园霸凌时，真正应该受惩罚的是教育他们的家长。

上面一段话经过"论证格式"处理后会变成这样：

1. 青少年是未成年人，心智不够成熟，还未形成完整的是非观与价值观，很容易被生活环境、舆论、影视内容及明星偶像影响。（假定的事实类命题）
2. 如果一个人心智不够成熟，容易被他人影响，那么他应该较少地承担自己行为的后果。对他影响较大的人应该较多地承担他的行为的后果。（假定的价值类命题）
3. 当青少年参与校园霸凌时，应该惩罚对他们影响最大的人。（由1和2推出的政策类命题）
4. 对于青少年来说，对他们影响最大的人是教育他们的家长。（假定的事实类命题）

因此，5. 应该惩罚参与校园霸凌的青少年的家长。（由3和4推出的政策类命题）

当我们将原始材料转变为由论证格式呈现的 1 ～ 5 时，我们就完成了论证分析。我们来看看原始材料和论证格式有何不同。

- 序号：原始材料中没有序号，也没有分行。论证格式则在每句话的左侧标上了序号，且每句话单独占用一段。序号方便我们指代句子，序号最大的句子就是结论。
- 括号：括号中的文字有补充说明的作用。在论证格式中，我们要在括号内补充两类信息，一是命题的来源，二是命题的类型。

- **命题的来源：** 在论证格式中，命题有且只有两种来源，一种是"假定的"，另一种是"推出的"。"假定的"就是论者并未给出更多理由来支持，直接假定其是可接受的。

- **命题的类型：** 在论证格式中，常见的命题有三种类型，即事实类命题、价值类命题和政策类命题。有时会出现"语义类命题"这第四种类型。你会在本章后面的部分看到这几类不同类型的命题的区别和联系。

- **隐含的理由：** 在原始材料中，并不存在 2 和 4，也没有明确说出 3。而在论证格式中，我们要根据论者的意图，将这些内容补全。补全隐含的理由，是"论证分析"中最重要的步骤，没有之一。

在了解了论证格式的基本要素后，我们再来看看论证分析的常用步骤（见图 2-1 ）。

图2-1　论证分析的常用步骤

（1）找出原始材料的主要结论。

（2）找出论者为支持主要结论而给出的理由。

（3）思考这个问题：如果那些理由都可以接受，那我们应该相信或接受论者的结论吗？

如果即便理由都可以接受也不足以让人们相信论证中

的结论，那么我们就需要根据论者的意图，补充一些理由，使得补充的理由和原先的理由都可以接受后，结论也变得可以接受。

我们为论者补充的理由，叫作"隐含理由"，或者叫"隐含前提""隐含假设""隐含证据"。隐含理由必须相对可信，不可故意为论者补充不可信的隐含理由。需要在忠于原意的基础上，尽可能优化论者的论证。这叫作慈善原则。

如果实在不知道怎么补充隐含理由，就补充一个条件句，也就是"如果 P1、P2、P3……那么 C"。P1、P2、P3 指代论者给出的具体前提，C 指代结论。

（4）如果论者在场，需要询问论者是否认可补全的隐含理由。用"论证格式"分析过的论证，是否表达了论者原本的意思？如果论者不在场，甚至已经不在世，则此步骤可省略。

（5）完成上述步骤后，将论证按照严谨的格式写出来，也就是补上隐含理由、序号、括号、括号里的内容（命题的来源和性质），这样论证分析就完成了。

要注意，在分析论证时，我们的目标不是评价论者给出的论证究竟好不好，我们也不关心自己是否认同论者的想法。我们要做的仅仅是理解论者的话是什么意思，既包括论者的言内之意，也包括言外之意。

"论证分析"就像做翻译。翻译别人的话时，不用管那个人的话到底对不对，也不用管自己是否认可那个人的说法。我们只需要理解那个人的话到底是什么意思，然后将之以另一种语言表达出来。

完成"论证分析"之后，我们再进行下一步——"论证评价"。切不可在完成第一步之前，就跳跃到第二步。可以牢记这个口号："无分析，不评价"。

完成第一步后，我们再遵循以下常用步骤，用 AV 标准进行论证评价。

（1）再次确认论证分析真的完成了。通常 V 条件在运用论证格式分析论证时，已经强制满足了。

（2）咨询相关领域的专家，询问可靠的目击证人，通过各种途径获取尽可能全面的信息，调查事实真相。利用一切办法确定序号较小的命题是否可以接受。也就是判断 A 条件是否被满足。

　　"可以接受"是一个模糊的说法，在不同场景下，标准的严格程度不同。有时陌生人的一句话就可以接受，如"电影院在五楼"；有时则要全世界的专家团队研究几十年得出一个共识性结论，才算可以接受，如"全球气候变暖是人类在工业革命后大规模使用化石能源导致的"。一般来说，越重要的结论，越需要达到严格的标准才算是"可以接受"。并且，A 条件可以被不同程度地满足。一个理由可以"非常可信"，也可以"比较可信"，还可以"勉强可信"或"不太可信"。

（3）如果理由全部可以接受，论证就是好的论证。如果至少有一个理由不能接受，那么论证还不够好。

现在我们对刚刚分析完的论证做一个初步评价。为了判断 5 是否可以接受，我们要看 1、2、3、4 是否全部可以接受。

1. 青少年是未成年人，心智不够成熟，还未形成完整的是非观与价值观，很容易被生活环境、舆论、影视内容及明星偶像影响。(假定的事实类命题)

1 是一个事实类命题，这类命题为真，当且仅当它们的确表达了事实。所以，我们需要去调查，青少年是不是心智不成熟、容易受他人影响。这个命题缺乏逻辑量词，所以我们不确定它的具体意思。我们不知道论者想说的是"所有青少年都心智不成熟"还是"一些青少年心智不成熟"，抑或是"85% 以上的青少年心智不成熟"。所以，我们更需要仔细调查有多大比例的青少年心智不成熟。

2. 如果一个人心智不够成熟，容易被他人影响，那么他应该较少地承担自己行为的后果。对他影响较大的人应该较多地承担他的行为的后果。(假定的价值类命题)

2 是一个价值类命题，想知道这类命题是否为真，光调查事实真相还不够。价值类命题反映了论者的价值观，如果受众也有相似的价值观，那么受众就会接受这一命题。在这个案例中，我们可以将 2 简称为"权责一致"原则，即权力最大的人承担最大的责任。许多人会接受这一价值类命题，但也有些人不接受这一价值观。如果要深入分析价值类命题是否可以接受，我们需要具备一些伦理学和政治哲学的知识基础。

3. 当青少年参与校园霸凌时，应该惩罚对他们影响最大的人。(由 1 和 2 推出的政策类命题)

3 是一个政策类命题。政策不仅仅指政府制定的策略，组织和个人为实现某一目标而制定的计划也属于政策。简言之，政策给出了一个问题解决方案。政策类命题为真，当且仅当该问题解决方案是令人满意的，其成本足够低，收益足够高，且没有更好的方案能替代它。政策类命题是最复杂的一类命题。在这个案例中，论者将 1 和 2 组合在一起，得出了 3。这说明，论者认为，惩罚那些对校园霸凌的参与者影响最大的人，可以实现某个好的目标。但在命题中，这一目标并未明确说明。可能是"伸张正义"，也可能是"减少未来校园霸凌事件的出现"，还可能是"安抚受害者的情绪"等。根据目前已有的信息，我们难以判断这一命题是否为真。

4. 对于青少年来说，对他们影响最大的人是教育他们的家长。(假定的事实类命题)

4 是一个事实类命题，我们需要调查事实，才能知道它是否为真。它也缺少逻辑量词。也许，对于部分青少年来说，对他们影响最大的人是他们的家长。我们需要仔细调查：这些青少年占总体的多大比例？

综合上述思考，我们会发现，要使这一论证成为好的论证，我们还需要更多信息。

据我所知，比起父母，同侪群体对青少年有更大的影响，所以 4 不一定为真。许多 15 岁以上的青少年的行为模式已经相对稳定，可以说他们的心智足够成熟了，所以 1 也不一定为真。2 通常不被怀疑。但要想从 1 和 2 推出 3，可能还需要添加一些隐含的理由，例如，"2.5. 承担消极行为的后果的最佳方式是受到惩罚（假定的政策类命题）"。这一命题是否为真，还值得商榷。

复 习

（1）"论证格式"是一种分析、评价和建构论证的工具。它和几何证明很相似。

（2）与原始材料相比，以论证格式呈现的论证多了 5 个新要素：序号、括号、命题的来源、命题的类型、隐含的理由。

（3）运用论证格式来分析论证，通常要遵循 5 个步骤。第一步：找结论；第二步：找理由；第三步：补充隐含理由；第四步：询问论者补得对不对；第五步：以严谨的形式将论证改写出来。

（4）运用论证格式来评价论证，通常要遵循 3 个步骤。第一步：确保论证分析已经恰当地完成了。第二步：寻找更多信息，判断序号较小的理由是否全都可以接受。第三步：做出评价。如果理由全都可以接受，那么论证是好的论证。如果至少有一个理由不能接受，那么论证还不够好。

2.2 练习论证格式：把思维工具安装到脑中

游泳是一种动作技能，仅听教练讲解游泳理论，我们绝不可能学会游泳。运用论证格式分析、评价和建构论证也是一种动作技能，你不可能仅仅通过阅读本书，就完全掌握论证格式这一思维工具。所以，我们有必要反复练习，就像练习说英语、骑自行车。久而久之，我们就能积累起一种感觉或直觉。这种直觉会指引我们做出恰当的分析和判断，即使我们暂时说不清判断的依据是什么。

下面让我们通过更多案例体会论证格式的使用：

家庭对一个人的影响是最大的，家庭教育为一个人的成长奠定了基础，不同的家庭环境与生活习惯造就了不同的性格思想。发生校园霸凌，说明家长对施暴孩子的教育是失败的或缺失的，应该惩罚家长以警醒他们。

1. 家庭对一个人的影响是最大的，家庭教育为一个人的成长奠定了基础，不同的家庭环境与生活习惯造就了不同的性格思想。(假定的事实类命题)

2. 如果家庭对一个人的影响是最大的，那么，发生校园霸凌说明家长对施暴孩子的教育是失败的或缺失的。(假定的事实类命题)

3. 发生校园霸凌说明家长对施暴孩子的教育是失败的或缺失的。(由1和2推出的事实类命题)

4. 如果家长对施暴孩子的教育是失败的或缺失的，就应该惩罚家长以警醒他们。(假定的价值类命题)

因此，5. 应该惩罚参与校园霸凌的学生的家长。(由3和4推出的政策类命题)

青少年受《未成年人保护法》的保护，在施暴产生严重后果，比如造成同学死亡时，并不会受到与成年人同等严重的惩罚，这对于受害者及其家人伤害很大，需要额外惩罚家长来弥补受害者心中的不平衡。

1. 青少年受《未成年人保护法》的保护，在施暴产生严重后果，比如造成同学死亡时，并不会受到与成年人同等严重的惩罚。（假定的事实类命题）
2. 如果青少年施暴者在造成严重后果时没有受到与成年人同等严重的惩罚，那么受害者及其家长就会受到很大伤害。（假定的事实类命题）
3. 青少年施暴者造成了严重后果。（假定的事实类命题）
4. 额外惩罚施暴者的家长能弥补受害者及其家长心中的不平衡。（假定的事实类命题）
5. 受害者及其家长心中的不平衡应该被弥补。（假定的价值类命题）

因此，6. 发生校园霸凌后，应该惩罚施暴者的家长。（由1、2、3、4、5推出的政策类命题）

校园霸凌的施暴者是学生，学生作为一个人，作为独立个体，应该为自己犯的错误承担责任、承担后果。施暴者只有自己受到相应的惩罚，才会反省自己，进而悔改，而家长没有义务为其承担后果。

这段话适合拆分成两个独立的论证，第一个如下：

1. 学生是校园霸凌的施暴者。（假定的事实类命题）
2. 学生是应该为自己犯的错误承担责任、承担后果的独立个体。（假定的价值类命题）
3. 实施校园霸凌是在犯错。（假定的价值类命题）

4. 家长没有义务为独立个体承担行为后果。（假定的价值
类命题）

5. 对于校园霸凌行为的施暴者，承担施暴行为后果的方
式就是受到惩罚。（假定的价值类命题）

因此，6. 发生校园霸凌后，不应该惩罚施暴者的家长。
（由1、2、3、4、5推出的政策类命题）

第二个如下：

1. 施暴者如果自己受到相应的惩罚，就会反省自己，进
而悔改。（假定的事实类命题）

2. 施暴者如果没有受到相应惩罚，就不会反省自己，进
而不会悔改。（假定的事实类命题）

3. 学生是校园霸凌的施暴者。（假定的事实类命题）

4. 校园霸凌的施暴者应该反省自己，进而悔改。（假定的
价值类命题）

5. 应该惩罚作为校园霸凌施暴者的学生。（由1、2、3、
4推出的政策类命题）

6. 如果惩罚了学生，就不应该再惩罚家长。（假定的价值
类命题）

因此，7. 发生校园霸凌后，不应该惩罚施暴者的家长。
（由5和6推出的政策类命题）

当霸凌事件发生后，对施暴者的惩罚界定会综合各种情况，
包括其家庭环境、过往遭遇等。已发生的霸凌足够严重，足以引
起家长重视，使之反省自己的教育问题，他们不需要额外的惩罚

警醒。

1. 如果校园霸凌足够严重，那么施暴者的家长就会重视并反省自己的教育问题。（假定的事实类命题）

2. 如果施暴者的家长会反省自己的教育问题，就不需要施加额外的惩罚警醒。（假定的政策类命题）

3. 已发生的校园霸凌足够严重。（假定的事实类命题）

4. 惩罚只会起到警醒的功能，不具备其他功能。（假定的事实类命题）

因此，5. 发生校园霸凌后，不应该惩罚施暴者的家长。（由1、2、3、4推出的政策类命题）

校园霸凌发生在学校，说明学校管理不当、监督不够，老师管理失职、不够关心学生，学校比家长更有责任。

1. 校园霸凌发生在学校，说明学校管理不当，老师管理失职、不够关心学生。（假定的事实类命题）

2. 如果学校管理不当，老师管理失职、不够关心学生，那么在校园霸凌发生后，学校比家长的责任更大。（假定的价值类命题）

3. 发生校园霸凌后，学校或老师还没有得到应有的惩罚。（假定的事实类命题）

4. 在实施惩罚措施时，如果责任更大的一方还没有被惩罚，就不该惩罚责任更小的一方。（假定的价值类命题）

因此，5. 发生校园霸凌后，不应该惩罚施暴者的家长。（由1、2、3、4推出的政策类命题）

司法体系要求对施暴犯罪者进行惩罚管制，对施暴者以外的人的额外惩罚不符合法律程序及法律规定，会破坏法律的官方性、权威性。

1. 司法体系要求对施暴犯罪者进行惩罚管制，对施暴者以外的人的额外惩罚不符合法律程序及法律规定，会破坏法律的官方性、权威性。（假定的事实类命题）

2. 应该符合法律程序和法律规定，维护法律的官方性和权威性。（假定的价值类命题）

3. 发生校园霸凌后，惩罚施暴者的家长，是在对施暴者以外的人进行额外惩罚。（假定的事实类命题）

因此，4. 发生校园霸凌后，不应该惩罚施暴者的家长。

（由1、2、3推出的政策类命题）

以上就是对上一节中的辩论素材中全部论证的分析。限于篇幅，这里不对这些论证做出评价。

我们已经知道，应用论证格式来分析论证通常需要五个步骤。第一步：找结论；第二步：找理由；第三步：补充隐含理由；第四步：询问论者补得对不对；第五步：以严谨的形式将论证写出来。

其中，第三步是最难的。隐含理由是论者没有说出来的话。我们不是论者"肚子里的蛔虫"，自然不清楚论者心中的想法。补充隐含理由经常要靠猜测，经验丰富的人可能猜得更准确一些，但智者千虑，必有一失。所以还要进行第四步，询问论者补得对不对，猜得准不准。

补充隐含理由需要很多逻辑之外的功夫。一个论证可能涉及某个专业领域，有些论证是关于法律的，有些是关于政治的，有些是关于经济学的，有些是关于医学的。如果你具备相关领域的知识和经验，就更有可能又快又好地补充隐含理由。

在完成"补充隐含理由"之后，下一个难点是标注命题的类型。在下一节，我们会仔细区分不同类型的命题。

练 习

请用论证格式分析和评价你在网上找到的一些论证，或者日常生活中经常出现的论证。例如：

- 列子的《两小儿辩日》
- 《庄子》中的"濠梁之辩"
- 丁肇中的《应有格物致知精神》
- C 计划团队的文章"你生出来的孩子，却叫别人妈妈？"
- 电影《十二公民》
- ……

2.3 论证格式基础 I：区分不同种类的命题

在使用论证格式分析论证时，我们除了要补充隐含理由，还需在括号里标注命题的类型。这是因为我们要用不同的方法来评价不同类型的命题是否可以接受。

下面我们来了解事实类命题、价值类命题、政策类命题、语义类命题这四类命题之间有什么不同，又有什么联系，以及我们应该用什么方法判断它们是否可以接受。

◉ 事实类命题

事实类命题通常描述过去、现在发生了什么事情，或者未来会发生什么事情，抑或某件事情和另一件事情有着相关或因果关系。

事实类命题很常见，以下都是事实类命题：

- 公元 1955 年 3 月 2 日北京没有下雨。
- 小明因为长期感染幽门螺杆菌而得了胃癌。
- 小明的身高是 1.75 米。
- 大量阅读是心智成长的重要原因。

要判断事实类命题是否可以接受，我们需要调查事实究竟是什么样的。有些事实很容易调查清楚，有些则要消耗大量人力物力，甚至花费数百年时间。很久以前，人们以为"太阳绕地球转"是事实。无数聪明的头脑经过数百年的接力研究，才让人们认识到"地球绕太阳转"才是事实。

所以，我们不能以为自己认可的事实类命题就是事实。我们需要经常问自己："我以为的事实是不是真正的事实？别人观察到的事实会不会和我观察到的不同？"

◉ 价值类命题

价值类命题通常是在说某种东西是好的、有价值的。因为价值总是在比较中产生的，所以价值类命题是在说某种东西比另一种更好、更有价值，例如，某个人、商品、行为、观念比另一个人、商品、行为、观念更好、更有价值。

价值类命题也很常见，以下都是价值类命题：

- 完成家庭作业比看电视更重要。
- 苹果手机比三星手机更好。
- 诚实守信是一种可贵的品质。
- 我们不应该说谎。

与事实类命题不同，对于价值类命题，我们无法仅仅依靠观察世界来判断其是否可以接受。例如，"小红死了"是个事实类命题，我们可以调查小红的脑组织是否还在正常运转，来判断小红的生死，从而知晓这个命题的真假。但是，"小红死有余辜"这样的价值类命题，就无法单凭观察和调查得知真假。假定小红死了，恨小红的人也许会认为"小红死有余辜"是真命题，但爱小红的人则会认为"小红死有余辜"是假命题，他们会认为"小红的死重于泰山"才是真命题。

所以，价值类命题的主观性很强，它们因人而异、因地而异、因时而异。一些人甚至认为价值类命题没有真假之分，更有甚者认为价值类命题根本就不是命题：它们不是陈述句，而是祈使句或感叹句；它们只表述了人的要求或情感态度，并没有对世界做出描述。

不过，在论证当中，我们需要判断哪些价值类命题可以接受，哪些不可接受。这需要具体问题具体分析，有时候还需要持有不同价值观的人坐在一起，心平气和地谈判，以达成共识。

◉ 政策类命题

政策不仅仅指政府为达到某个目标而推行的计划，个人或组织也可以有政策。"我们应该废除所有核电站"是政策类命题，"我们今晚一起努力读书吧"也是政策类命题。

凡是呼吁采取某种具体行动来达到某个具体目标的命题，都是政策类命题。以下都是政策类命题：

- 我们应该给这本书打差评。
- 安乐死应该合法化。
- 不应该允许性交易合法化。
- 学校应该给学生宿舍装空调。

政策类命题比事实类命题和价值类命题都复杂，因为它往往会暗示一些事实类命题和价值类命题。例如，"我们应该送花给李老师从而获取李老师的青睐"这个政策类命题，暗示了"李老师喜欢花"这一事实类命题，也暗示了"李老师的青睐是值得获取的好东西"这一价值类命题。

再比如，"我们应该乘地铁四号线去北京大学"这个政策类命题，是说应该以"乘地铁四号线"的方式，达到"抵达北京大学"的目标。这个命题暗示了"地铁四号线能到北京大学"这一事实类命题，也暗示了"北京大学值得去"这一价值类命题。

换言之，政策类命题给出了一种问题解决的策略，给出了完成某个目标所需要采取的措施。如果那个策略真能解决问题，那个措施真能达到目标，那么我们就可以说那个政策类命题是真的，否则它就是假的。

当然，解决问题的方法很多，达到目标的途径也往往有不止一种。"我们应该乘地铁四号线去北京大学"这一政策类命题究竟是否为真，要根据我们在多种政策、计划、方案之间的对比和权衡来确定。

毕竟，走路、骑自行车、乘公交车、坐出租车等方案，都能实现"抵达北京大学"这一目标。我们必须有足够多的证据，证明乘地铁比其他方案都好、成本更低、收益更高、风险更小。这样，"我们应该乘地铁四号线去北京大学"这一政策类命题才是可以接受的。

◉ 语义类命题

对于语词等符号的含义和用法的规定就属于语义类命题。

以下都是语义类命题：

- 单身汉就是未婚男子。
- 阈值的意思就是临界值。
- "空穴来风"以前表示事出有因，现在表示无中生有。
- 真正的爱情可以冲破任何阻碍。

判断语义类命题是否为真，是否可以接受，主要遵循"入乡随俗原则"。当你和诗人为伍时，就像诗人那样说话。当你和医生为伍时，就像医生那样说话。当你和数学家为伍时，就像数学家那样说话。

虽然在日常生活中，语义类命题似乎不如事实类、价值类、政策类三类命题常见，但语义类命题有一个独特之处：人们几乎总是认为自己相信的语义类命题是真的，是不容置疑的。所以，就语义类命题展开的论证，往往无法说服任何人。

以上便是四种不同类型的命题。判断这四类命题是否为真的方法是不同的，所以混淆这四者会影响思维的清晰程度，让人无从明辨是非真假。

精确区分这四类命题需要长时间的训练和练习，绝非一朝一夕之功。我们在能区分它们的不同后，还需要再花时间认识它们之间的联系，因为一句话有可能同时表达多种不同类型的命题。

让我们来看两个例子。

- "东北人都是活雷锋，肇事逃逸者不是东北人"这句话，属于什么类型的命题？

"东北人都是活雷锋"应该是一个价值类命题，它赞扬了东北人的品行。同时，它也暗含了一些事实类命题，例如大多数东北人会高频率地帮助他人。

而"肇事逃逸者不是东北人"，表面看来是一个事实类命题。我们只需要调查一下那位肇事逃逸者的户口所在地是否在东北三省，就能得知这一命题的真假。但这个命题也可以看作语义类命题，因为假定肇事逃逸者被找到，并被发现就是土生土长的东北人，那么说话者很可能会说："干出这种缺德事的人不是真正的东北人。"所以，"肇事逃逸者不是东北人"和"东北人都是活雷锋"这样的命题，也可以看作对"东北人"这一符号用法的规定。

同理，大多数满足"真正的 X 是 Y"这个句式的命题，其实并不是事实类命题，而是规定 X 这一符号用法的语义类命题。比如,"真男人从不流泪"可以看作规定"真男人"这一符号的用法,而不是描述关于男人的事实。

- 小明说:"小红才不是什么公共知识分子,她就是个在自己不擅长的领域里胡说八道的蠢材罢了。"小明这句话属于什么类型的命题?

一句话究竟表达了什么类型的命题,取决于说话人的意图。要分析说话人的意图,我们就得追问:是谁说了那句话?说话人想要说给谁听?说话人的前言后语分别是什么?说话人想要用那句话达到什么目标?

由于这个案例给出的信息不够多,我们就需要自行去补全信息,分析多种可能性。我猜小明是要贬低小红,同时希望别人也一起来贬低小红。我不清楚小明为什么要贬低小红。不过,他这句话有很多含义。

在事实层面,小明说小红不是公共知识分子,而且小红经常在自己不擅长的领域里发表意见。要判断这个事实类命题是否为真,我们需要去调查小红的教育背景,判断她是否称得上知识分子。同时还需要去调查小红的行为记录,看看她是否高频率地就自己专业领域之外的问题发表意见。

在价值层面,小明断言小红理应被贬低。小明也暗示了小红给出的意见是不靠谱的。而在政策层面,小明很可能认为其他人不应该效仿小红的行为,小红自己也应该"改邪归正"。至于这个价值类命题和政策类命题是对是错,我们需要细细思量。我们要去调查小红的意见是否靠谱;即使不靠谱,我们也要考虑这种行为是否有别的价值，例如，小红的意见也许能促进大家在公共空间中讨论某个议题，抛砖引玉，客观上能促成更好的政策。

在语义类命题层面，小明断言"公共知识分子"是褒义词，而他拒绝用这个褒义词形容小红。如果你和小明有同样的语言习惯，对这个词有同样的定义，那么你就可以和他顺利沟通。如果你的语言习惯和小明不一样，那么你可以试着改变小明，或者让小明改变你，抑或求同存异。

最后，我们用一张图总结这四种不同类型的命题之间的关系（见图 2-2）。

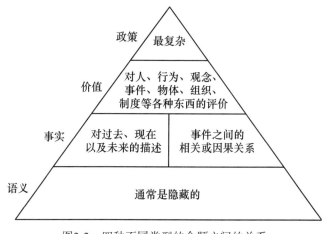

图2-2 四种不同类型的命题之间的关系

在这张金字塔形的图中，语义类命题在最下层，它是上层所有命题的基础。事实类命题在语义类命题之上，支撑着上方的价值类命题和政策类命题。它有两种类型，一种是关于过去、现在以及未来的描述，另一种是事件之间的相关或因果关系。价值类命题比事实类命题更复杂，它表达了对人、行为、观念、事件、物体、组织、制度等东西的评价。这种评价通常是程度化的，而不是非黑即白的。政策类命题最复杂，它建立在其他三种类型的命题之上。政策类命题通常呼吁采取某种行动来达到某个目标。我们接受某个政策类命题，就意味着我们认为那个目标是高价值的，并且那种行动确实能达到目标，而且比其他备选方案更好。

有一个简单的口诀可以帮我们记住这四种命题："义事值政"，它和"议事、执政"的发音是一样的，多念几遍就能记住。

练　习

请判断下面这些话表达了什么类型的命题？注意同一句话可以表达多种不同类型的命题。

（1）我很坚定。

（2）你很固执。

（3）他是个蠢材。

（4）我义愤填膺。

（5）你怒火中烧。

（6）他无事生非。

（7）我重新考虑了这件事。

（8）你改变了你的主意。

（9）他违背了他的承诺。

（10）罗素真是太有智慧了！

2.4　论证格式基础Ⅱ：定义概念的方法

我们在评判人们说的话是否可以接受之前，需要先理解那些话是什么意思。

听说恋人的眼睛会说话，只要她的大眼睛眨一眨，不用一词一句，他就明白了她的心思。恕我迟钝，如果恋人不是用眨眼来发送摩尔斯电码，那么我这个不解风情的笨蛋，仍旧无法知晓她的意思。

虽然面部表情和肢体语言也能传递信息，但符号化的语言才是人类交流思想和情感的主流途径。在这颗住着几十亿人的星球上，语言多种多样。有人用英语，有人用日语，有人用手语，有人用 C 语言……而我与你交流时，主要依靠汉语。

每一个汉语句子都是由较短的语词组成的。为了理解语句及其表达的命题的含义，我们需要理解组成那个语句的语词的含义。语词是一个又一个符号，苹果、肝脏、燕子、太阳、键盘等符号都是语词。符号并不是具体的东西。我们能用手拿起一个苹果，送到嘴边，咬一口，但我们拿不出"苹果"或"apple"这样的符号，更无法吃掉这些符号。

符号虽然不等同于具体的东西，但能代表具体的东西。我们如果在使用符号时不了解它们代表什么，就无法理解由符号组成的语句和命题的意义。

看一个例子：

- 小明说："我和妈妈关系很好。所以，她是不会骗我的。"

我们用论证格式分析一下这个简短的论证：

1. 如果甲和乙关系很好，那么乙就不会骗甲。（假定的事实类命题）
2. 小明和小明的妈妈关系很好。（假定的事实类命题）

因此，3. 小明的妈妈不会骗小明。（由 1 和 2 推出的事实类命题）

分析完成后，我们来评价它。此时，我们需要知道，1 和 2 这两个理由是不是都可以接受。假定 1 可以接受，只考虑 2。我们怎么才能知道"小明和小明的妈妈关系很好"这个事实类命题的真假呢？这需要实地调查。但在调查之前，我们得知道：要调查谁？怎么调查？

有人会说："不就是调查小明和他妈妈吗？简单问问他们，看他们怎么说，不就可以了？"那么我们怎么知道小明的妈妈是哪一个人呢？我们如何界定关系多好才称得上"关系很好"呢？

这就需要给语词下定义。先从"妈妈"开始。有人会说，"妈妈"这个符号，不就是指怀胎十月生下你的人吗？不一定。假设有人怀胎十月生下你后，就把你抛弃了，另一位女性把你养大。那么，你心理上觉得，谁才是你的妈妈呢？大多数人会认为，比起抛弃孩子的生母，养母才是真正的妈妈。大多数人的养母和生母恰好是同一个。不过，或许小明的养母和生母就不是同一个人。小明说自己和妈妈关系很好，你觉得是指和哪个妈妈关系很好呢？

这时，我们不要瞎猜，直接问小明："你说你和妈妈关系很好，你说的'妈妈'是指哪位女士?"小明回答："是小红。她是我养父的再婚妻子，也就是我的继母。"

这个案例告诉我们，语词的定义很重要。毕竟，连"妈妈"这么常用的符号，也有可能指代多个不同的对象。这就是语词的**歧义性**：一个符号可能同时指代多个不同的具体的东西。

语词不仅有歧义性，还有模糊性。"关系很好"和"身高很高""体重很重""年龄很大"等语词一样，都有模糊性。语词的模糊性是指语词的边界是模糊的。我们无法说清楚"身高很高"和"身高不高"的分界线在哪里。是190厘米，还是185厘米?"体重很重"和"体重不重"的分界线是多少公斤?"年龄很大"和"年龄不大"的分界线是多少岁?

不难发现，许多语词都有模糊性。"富人""美人""老人"等概念，也都是模糊的。这些模糊的概念就像灰阶图（见图2-3）。在图中，我们能看到黑色、灰色、白色，但我们能划出它们之间的严格分界线吗? 这实际上是做不到的。灰度之间是连续变化的。我们不能严格地划出一条线，说这条线左边是黑色，右边是灰色。

图2-3　灰阶图

但有时，我们需要强制划出一条分界线。比如考试时，我们划分出合格和不合格，60分以下就是不合格，60分及以上就是合格。但实际上，得59分的学生和得60分的学生的实际水平相差不大。再比如，儿童乘公交车可以免票，有些地方规定1.3米及以下的儿童免票。此时，"免票儿童"就有一条强制的分界线，虽然 1.31 米的儿童和 1.3 米的儿童身高只差一点点，但前者不免票，后者就能免票。

在日常生活中，我们不用为每个模糊的概念制定分界标准。但在一些要求严谨的情况下，比如在科学研究、医学诊断和治疗、工程项目的设计规划、商业合同撰写、民事或刑事案件审理中，我们需要为关键语词制定严格且清晰的定义。

在分析论证时，最关键的语词都要有清晰的定义，这样我们才能知道它们组成的句子是什么意思，然后才能去调查这些句子究竟是真还是假。

◉ 语词定义的原理

"偶数是能被 2 整除的数"这个定义中，"偶数"是要被定义的语词，称为被定义项。"能被 2 整除的数"是用来定义它的说法，称为定义项。"是"是一个联词，用来将被定义项和定义项联系起来。也可以用冒号或等于号等符号来充当联词。

语词有内涵和外延之分。一个词的**外延**是它所指代的具体的东西，**内涵**是挑选出其外延的方法。"偶数"这个词的外延是 −2、0、2、4 等具体的数，挑选出这些数的方法之一就是判断它能不能被 2 整除。"鸟"这个词的外延就是一只又一只具体的动物，挑选出这些动物的方法很多，例如我们抓住一只动物，测它的基因，看它与我们已经称为鸟的动物的基因有多相似。

语词定义的目标是明确一个词的外延，让使用这个词的人知道它究竟指代什么具体的东西。而我们达到这个目标的方式，通常是给出这个词的内涵, 让使用这个词的人掌握挑选出那些具体东西的方法, 尤其是要掌握区分那些东西和其他东西的方法, 例如区分偶数和奇数的方法、区分鸟与非鸟的方法。这就是语词定义的原理。

在知晓语词定义的原理之后, 我们再来学习四种定义语词的方式: 实指定义、划分定义、属加种差定义、操作性定义。

◉ 实指定义

实指定义是最简单的定义方式, 就是实际指着某个具体的东西, 然后说那是什么。例如, 我们指着一个苹果, 说"那是苹果"; 指着一副麻将牌, 说"那是麻将"; 指着一座大桥, 说"那是桥"。这也算是对苹果、麻将、桥的定义。我们也可以指着某位女士, 说"那是小明的妈妈", 这就完成了对"小明的妈妈"的定义。

实指定义有很多局限。例如, 抽象的语词无法用实指定义来定义。我们无法指着某个具体的东西, 说"那就是逻辑"。有时, 我们身边刚好没有想要指的那个东西, 比如晚上就无法指太阳。还有时, 别人不清楚你指的是什么, 比如你指着一只袋鼠说"那是kangaroo", 但别人可能以为"kangaroo"的意思是"尾巴""跳跃动作""动物""年老的袋鼠"或那块空间位置。

实指定义主要用来教小孩子或外国人学习某门语言。它简单却不可忽视, 因为正是实指定义使得抽象的符号和具体的东西产生了直接的联系。可以说, 实指定义是所有定义的根源。

◉ 划分定义

第二种定义方式是"划分定义"，即将一个大的概念划分成小的组成部分，以帮助我们理解那个大的概念。例如，可以将"人"按年龄划分为"婴儿""幼儿""少儿""青年""中年""老年"等，也可以按性别划分为"男人"和"女人"，或者按身高划分为"矮个子""中等个子"和"高个子"。还可以将"疾病"划分为"传染性病"和"非传染性疾病"。将"笔"划分为"墨水笔"和"固体笔"，"墨水笔"又可以分为"圆珠笔""钢笔""毛笔"等，而"固体笔"可以分为"铅笔"和"粉笔"等。

划分定义比实指定义复杂一些。在使用这种定义方式时，要注意一个原则——"不重不漏"，或者叫 MECE 原则，即划分出来的更小的概念彼此间不能重叠，它们组合在一起必须和大概念完全相同，不能遗漏。例如，把"人"这个概念划分成"老人"和"男人"，就是一个很糟糕的划分定义。有些老人同时也是男人，而且，这种划分方式还遗漏了"不老的女人"。

◉ 属加种差定义

第三种定义方式是"属加种差定义"。这种定义法已经有几千年的历史了，类似大圈中套小圈。

来看两个案例：

- 偶数是能被 2 整除的数。
- 鸟是双足卵生恒温脊椎动物。

"偶数"这个符号所属于的大圈是"数"，所属的小圈的特点是"能被 2 整除"。所以，给"偶数"下一个属加种差定义，就是先找到这个语词的大圈，然后找到它所属的小圈的独特之处。如图 2-4 所示，大圈范围内都是"属"，小圈范围内都是"种"，而小圈的边界线就是"种差"。

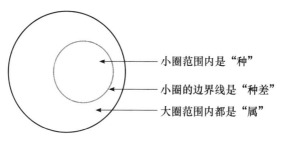

图2-4　属加种差定义图示

我们看看如何用属加种差定义来定义"鸟"这个概念。鸟是一种动物，所以，鸟所属的大圈是动物。小圈是什么呢？鸟和不是鸟的动物有什么区别？很多动物都不会飞，而鸟会飞。"会飞"这种特性是不是鸟的种差呢？"会飞"不是鸟独有的特性：蝙蝠和蜻蜓会飞，它们不是鸟；企鹅和鸵鸟不会飞，它们是鸟。鸟这种动物的独特之处，在于鸟是双足、恒温、卵生且有脊椎的。所以，根据属加种差定义法，我们将鸟定义为双足恒温卵生脊椎动物。

按照同样的思路，我们可以将智能手机定义为能通过安装新程序来拓展新功能的手机。智能手机所属的大圈是手机，它是手机的子类。要确定智能手机的小圈，就要明白智能手机和非智能手机之间的区别。它们的区别在于，智能手机能通过安装新程序来拓展新功能，而非智能手机不能。所以，我们将智能手机定义为"能通过安装新程序来拓展新功能的手机"。

属加种差定义是最常用的定义方法，在应用它时，我们要学会问两个问题：

（1）要定义的东西属于哪个大圈？它的属是什么？

（2）要定义的东西和那个大圈中的其他东西有何关键的区别？它的种差是什么？

只要你能回答这两个问题，就能用好属加种差定义。

◉ 操作性定义

前文已经提到，我们要为某些语词制定非常具体的量化的标准。例如，游乐场需要对"免票者""可以买半价优惠票的人"以及"要买全价票的人"这三个语词进行精确的定义。我们可以用身高来定义，例如，身高 1 米以下的免票，1 米到 1.4 米之间的可以买半价票，1.4 米以上的就要买全价票。我们也可以用年龄来定义，例如，8 岁以下的免票，8 到 14 岁之间的可以买半价票，14 岁以上的要买全价票。

再来看"肥胖"这个语词。该怎么给肥胖下一个操作性定义呢？现在最通用的定义标准是身体质量指数，也叫 BMI，它的计算方法是用体重（千克）除以身高（米）的平方。如果结果小于 18.5，我们就说这个人太瘦了，可能营养不良。如果结果在 18.5 到 24 之间，我们就说这个人体重正常，不瘦也不胖。如果结果在 24 到 28 之间，我们就说这个人超重了。如果超过了 28，我们就说这个人处于肥胖状态。

这就是操作性定义，它可以把日常生活中随意的说法、模糊的语词，变成精确的概念。

运用操作性定义时，最忌闭门造车。优质的操作性定义是人类智慧的结晶。给语词下操作性定义的最佳途径，是参考前人积累的资料，和相关领域的专业人士交流探讨。

虽然许多语词的操作性定义仍在不断优化，但法学、计算机科学、心理学、物理学、生物学、社会学、语言学、医学等学科已经对许多语词有了相对明确的操作性定义。在这个信息时代，我们只需要运用搜索引擎检索关键词，就能找到大量资料，帮助我们确定语词的操作性定义。

最后，我们利用表2-1总结四种不同定义的特点。

表2-1 四种不同定义的特点

定义方法	掌握难度	精确度	类比项	类比项的寓意
实指定义	简单	不太精确	肉眼	总是会用到，能让抽象的概念符号与具体的东西之间产生联系
划分定义	中等	还算精确	放大镜	偶尔会用到，可以帮我们看清概念符号的脉络细节
属加种差定义	较难	比较精确	光学显微镜	经常会用到，可以帮我们消除概念符号的模糊和歧义
操作性定义	较难	非常精确	电子显微镜	偶尔会用到，可以帮我们发展更好的理论模型

练 习

请用实指定义、划分定义、属加种差定义、操作性定义这四种不同的定义方式，定义下面这些语词：

（1）美人

（2）关系很好

（3）冰淇淋

（4）独立思考

（5）幸福

（6）善良

（7）科学

（8）鸭子

（9）数学

（10）平行四边形

本章的关键词

论证分析（argument analysis）：将一个以随意的自然语言表述的论证，转述、翻译、改写成更严谨的、有格式的形式。重点在于补充隐含理由。

慈善原则（principle of charity）：在分析一个论证时，需要在忠于原意的基础上，尽可能优化论者的论证。

论证评价（argument evaluation）：判断一个论证是不是好的论证。凡是满足 AV 标准的论证都是好的论证，不满足则不够好。

隐含理由（implicit reasons）：又叫隐含前提、隐含假设，是指论者没有明确说出来，但要让结论被人接受必须要成立的理由。

事实类命题（proposition of fact）：描述过去、现在发生了什么事情，或者未来会发生什么事情，抑或某件事情和另一件事情有着某种相关或因果关系。

价值类命题（proposition of value）：表达了对人、行为、观念、事件、物体、组织、制度等的好坏、优劣的评价。通常以"X 很好""我们应该认可 X"或"X 比 Y 好"的形式出现。

政策类命题（proposition of policy）：呼吁采取某种具体行动来达到某个具体目标的命题，通常以"应该以 X 方案来达到 Y 目标"的形式出现。

语义类命题（proposition of semantics）：对于语词等符号的含义和用法的规定。在哲学领域之外的论证中，语义类命题通常是隐含的。

外延（extension）：语词的外延就是语词所指代的具体的东西。

内涵（intension）：语词的内涵就是挑选出其外延的方法。

歧义性（ambiguity）：一个语词有多个不同类的外延，并且我们无法依靠语境线索得知它此时指哪类外延，这时我们就说这个语词有歧义。

模糊性（vagueness）：一个语词没有明确的分界标准，并且我们无法依靠语境线索得知它此时指哪些外延，这时我们就说这个语词是模糊的。

实指定义（ostensive definition）：通过眼神或肢体动作来指着

某个东西，以此定义某个语词。这是一种基础性的定义方式，它将抽象的符号和具体的东西联系了起来。

划分定义（divisio definition）：将一个语词划分为其组成部分。要遵守不重不漏原则，即划分出来的部分之间不会有任何重叠，将部分组合起来后又恰好等同于那个语词，不会有任何遗漏。

属加种差定义（genus-differentia definition）：给出一个语词所属的大范畴，并给出这个语词与其他同属于那个大范畴的东西的关键区别。这是最泛用的定义方式。

操作性定义（operational definition）：运用一些具体的、可观测的、可执行的流程和动作来精确地定义某个语词，在心理学、医学、法学、工程学等崇尚严谨的领域中很常用。

论证格式的应用

升级逻辑武器

大多数人宁死也不思考；事实上，他们的确至死也没有思考。

—— 伯特兰·罗素

许多胡扯的说法实际上是无法理解的，只要仔细推敲一下，它们表面上的言之有物就会被消解。但是，鉴于如此多的人对真正的科学的了解是如此之少，那种无法理解可能会被误认为是真实性的标志。唉，它甚至可以激发人们的敬意。

—— 威拉德·蒯因

启蒙就是人从他咎由自取的受监护状态走出。受监护状态就是没有他人的指导就不能使用自己的理智的状态。如果这种受监护状态的原因不在于缺乏理智，而在于缺乏无须他人指导而使用自己的理智的决心和勇气，则它就是咎由自取的。因此，要敢于认识（Sapere aude）！要有勇气使用你自己的理智！这就是启蒙的格言。

—— 伊曼努尔·康德

当我们不能独立思考时，我们总是能引用别人的话。

—— 路德维希·维特根斯坦

在第 1 章中，我们介绍了论证——给出理由支持结论的过程。在第 2 章中，我们学了分析和评价论证的工具——论证格式。然而，论证不只是说话或写字的过程，也是思维过程和行为过程。论证格式不仅能帮助我们更好地说服别人，还能帮助我们规避思维中的漏洞，做出更明智的决策和行动，甚至消除不理智的负面情绪。

3.1 用论证格式分析不同类型的论证：具体论证，具体分析

使用论证格式时，我们没有强调区分论证类型，而是统一用 AV 标准评价不同类型的论证。但是，由于不同类型的论证需要补充不同类型的隐含前提，为了判断这些隐含前提是否可以接受，我们需要了解常见的论证类型：

（1）演绎论证：如果前提为真，那么结论必然也为真。

（2）归纳论证：从样本的情况推出总体的情况。

（3）类比论证：根据 A 和 B 相似，而且 A 有 X 特征，推出 B 也有 X 特征。

（4）溯因论证：根据已经观察到的事实，推出这一事实发生的原因。

（5）合情论证：虽然前提为真并不能保证结论为真，但前提似乎能合情合理地支持结论。

◎ 归纳论证

归纳论证中总是需要补充"样本的代表性很强"这条隐含

前提。

- 在调查了 350 名学生后，我们发现其中 340 名学生的独立思考能力都很弱。因此，大多数学生的独立思考能力很弱。

1. 在调查了 350 名学生后，我们发现其中 340 名学生的独立思考能力都很弱。（假定的事实类命题）
2. 这 350 名学生组成的样本，能代表"所有学生"这一总体。（假定的事实类命题）

因此，3. 大多数学生的独立思考能力很弱。（假定的事实类命题）

- 我的法国朋友维克多狐臭很严重，每天都要用止汗剂。因此，大多数法国人很可能狐臭也很严重，需要经常用止汗剂。

1. 我的法国朋友维克多狐臭很严重，每天都要用止汗剂。（假定的事实类命题）
2. 在是否有狐臭和是否使用止汗剂这些现象上，维克多是一个很典型、很有代表性的法国人。（假定的事实类命题）

因此，3. 大多数法国人很可能狐臭也很严重，需要经常用止汗剂。（假定的事实类命题）

● 类比论证

类比论证中总是需要补充"如果 A 和 B 足够相似，那么若 A

有 X 特征，B 也有 X 特征"和"A 和 B 足够相似"这两条隐含前提。

- 乌龟运动得很慢，寿命很长。因此，人如果慢些运动，就也能活得很长。

1. 乌龟运动得很慢，寿命很长。(假定的事实类命题)

2. 如果 A 和 B 有足够多重要的相似之处，且两者的不相似之处不多或不重要，那么若 A 有 X 特征，B 也会有 X 特征。(假定的事实类命题)

3. 人和乌龟有足够多重要的相似之处，且两者的不相似之处不多或不重要。(假定的事实类命题)

因此，4. 人如果慢些运动，就也能活得很长。(由1、2、3 推出的事实类命题)

- 张三依照《恋爱宝典》中的攻略，追到了大美女王五。因此，你要想追求赵六，也应该读《恋爱宝典》。

1. 张三依照《恋爱宝典》中的攻略，追到了大美女王五。(假定的事实类命题)

2. 如果 A 和 B 有足够多重要的相似之处，且两者的不相似之处不多或不重要，那么若 A 有 X 特征，B 也会有 X 特征。(假定的事实类命题)

3. 你和张三有足够多重要的相似之处，且两者的不相似之处不多或不重要。(假定的事实类命题)

4. 王五和赵六有足够多重要的相似之处，且两者的不相似之处不多或不重要。(假定的事实类命题)

因此，5.你也可以依照《恋爱宝典》中的攻略追到赵六。
（由1、2、3、4推出的事实类命题）

◉ 溯因论证

溯因论证又叫最佳解释推理。这种论证中总是需要补充"这种解释比其他可能的解释更好"这条隐含前提。如果人们不相信这条隐含前提，论者就还要给出进一步的论证。一种解释比另一种解释更好，当且仅当它满足三个条件：1）更简洁，2）与已有的成熟理论更契合，3）这种解释给出的预言得到了证实。

- 张三去看了很多医生都没有治好精神病，医生们也没个说法。张三的家人几乎把所有方法都用了个遍。所以，张三的病是鬼上身导致的。

1. 现有事实如下：张三去看了很多医生都没有治好精神病，医生们也没个说法。张三的家人几乎把所有方法都用了个遍。（假定的事实类命题）

2. 现有事实如下：张三还未试过驱鬼。（假定的事实类命题）

3. 针对现有的事实，我们有一种解释：张三的病是鬼上身导致的。（假定的事实类命题）

4. 这种解释比其他可能的解释更好。（假定的事实类命题）
因此，5.张三的病是鬼上身导致的。（由1、2、3、4推出的事实类命题）

- 乌龟运动得很慢，寿命很长。因此，人如果慢些运动，也能活得很长。
1. 现有事实如下：乌龟运动得很慢，寿命很长。（假定的事实类命题）
2. 针对现有的事实，我们有一种解释：运动缓慢使生命体的寿命变长。（假定的事实类命题）
3. 这种解释比其他可能的解释更好。（假定的事实类命题）
4. 人也是一种生命体。（假定的事实类命题）
因此，5. 人只要也慢些运动，就也能活得很长。（由 1、2、3、4 推出的事实类命题）

◉ 合情论证

合情论证中，我们通常会补充"一般情况下，如果 X，那么 Y"和"此时不是特殊情况"这样的隐含前提。在最常见的诉诸专家和诉诸证人这两种合情论证中，我们要补充的隐含前提比较多。

专家的结论是可信的，当且仅当：专家的确有丰富的专业知识和经验，专家没有说谎动机，专家了解最新的信息，专家有能力解释其给出的结论，专家给出的结论在其专长领域之内，暂且没有其他专家给出不同的结论。

证人的证词是可信的，当且仅当：证人的视力、听力等感知觉能力正常，证人记忆力正常，证人没有说谎动机，证人没有做出超出观察的推论，没有其他可靠的证人给出不同的证词。

- 小明还是个孩子，即使他打碎了你心爱的花瓶，你也应该原谅他。

1. 小明还是个孩子。（假定的事实类命题）

2. 一般情况下，孩子做错事应该得到原谅。（假定的价值类命题）

3. 没有理由认为此时是特殊情况，或者，有理由认为此时是一般情况。（假定的事实类命题）

因此，4. 你应该原谅小明。（由1、2、3推出的政策类命题）

- 张警官认为小明是真凶。所以，小明就是真凶。

1. 张警官认为小明就是真凶。（假定的事实类命题）

2. 如果某人专长于某个领域，没有利益相关，了解各种最新信息，有能力解释其给出的结论，给出的结论在其专长领域之内，并且眼下不存在其他专家给出不同结论，那么此人说的话是值得相信的。（假定的价值类命题）

3. 张警官对于刑侦十分擅长。（假定的事实类命题）

4. 张警官没有动机在此事件上说谎。（假定的事实类命题）

5. 张警官了解此案的详细信息。（假定的事实类命题）

6. 张警官有能力为自己的判断提供理由。（假定的事实类命题）

7. 眼下不存在其他专家认为真凶不是小明。（假定的事实类命题）

8. 张警官给出的结论在其专长领域之内。（假定的事实类命题）

因此，9.“小明就是真凶”这一结论是值得相信的。（由1、2、3、4、5、6、7、8推出的政策类命题）

- 张三说，李四和王五是情侣。因此，李四和王五是情侣。

1. 张三说，李四和王五是情侣。（假定的事实类命题）

2. 如果某人的视力、听力等感知觉能力正常，记忆力正常，不存在说谎的动机，没有做出超出观察的推论，并且没有其他可靠的证人给出不同的证词，那么此人的证词是值得相信的。（假定的价值类命题）

3. 张三的视力、听力等感知觉能力正常。（假定的事实类命题）

4. 张三的记忆力正常。（假定的事实类命题）

5. 张三在这件事情上没有说谎的动机。（假定的事实类命题）

6. 张三没有做出超出观察的推论。（假定的事实类命题）

7. 此时没有其他可靠的证人给出“李四和王五不是情侣”的证词。（假定的事实类命题）

因此，8.“李四和王五是情侣”这一结论是可信的。（由1、2、3、4、5、6、7推出的政策类命题）

练 习

请用论证格式来分析以下论证：

（1）张教授说，星座能预示人的行为。因此，你应该多了解你自己和别人的星座。

（2）我身边的大多数人都相信房价要大跌。因此，大多数人都相信房价要大跌。

（3）汤姆写的上一本书信息量很大，有点难读。因此，汤姆最新出版的这本书信息量应该也很大，也不太好读。

（4）李四毕业于北京大学，因此，我们应该雇用李四。

（5）张总很喜欢听别人恭维她，因此，你要想她点头，就要多对她说好话。

3.2 用论证格式处理逻辑谬误：强迫骗子露出尾巴

逻辑谬误会带来看似合理实际上不合理的论证。许多人认为，逻辑谬误是逻辑学中最实用的知识点。一旦知道了那些逻辑谬误的名字，就能有效地驳斥他人给出的糟糕论证。

- 张三：哈哈，你可让我抓住把柄了。你以为你的说法能成立？其实，你犯了滑坡谬误，你的说法完全不能成立。
- 李四：你这叫不当类比，懂吗？不当类比是一种逻辑谬误，它让你的论证成为无效的论证。
- 王五：别想误导我。你这是肯定后件，而肯定后件是不能肯定前件的。这是一种逻辑谬误。

不过，也有人认为，逻辑谬误不好掌握。不妨上网查一查"谬误列表"，各种各样的逻辑谬误加在一起，有100多种。一般人不可能记住每一种逻辑谬误的名字。

　　更麻烦的是，有时你知道了某个逻辑谬误的名字，就很容易把合理的论证（甚至非论证）当作逻辑谬误。例如，当你看到某人援引专家的说法时，可能下意识地想到"诉诸伪权威"这个谬误，但实际上那人诉诸的是靠谱的真权威。当你看到别人使用类比时，可能下意识地想到"不当类比"这个谬误，但说不定那人并不是在用类比进行论证，而是在用类比进行解释和说明。

　　既然如此，到底该不该掌握逻辑谬误的知识呢？其实，用"论证格式"来处理逻辑谬误，就能解决这些麻烦。论证格式会补全隐含前提，使得论证必然是有效的。逻辑谬误是不好的论证，但它在论证格式中又是有效的，这就意味着，逻辑谬误中包含不可接受的前提，尤其是不可接受的隐含前提。

◉ 非黑即白

- 周瑜曾设法陷害刘备。那么，周瑜就不是好人。因此，周瑜是坏人。

这个论证"格式化"后，如下：

1. 周瑜曾设法陷害刘备。（假定的事实类命题）
2. 如果周瑜曾设法陷害刘备，那么周瑜不是好人。（假定的事实类命题）
3. 一个人要么是好人，要么是坏人。（假定的事实类命题）
因此，4. 周瑜是坏人。（由1、2、3推出的事实类命题）

这个论证中，2不太能让人接受，3更成问题，其背后是一个叫作虚假两难选择或"非黑即白"的逻辑谬误。毕竟，世界上也有很多不那么好也不那么坏的人，或者一方面好另一方面坏的人。

◉ 人身攻击

- 爸爸说："壶里的水不能反复烧开，反复烧开就不能喝了，要接新的水来烧。"儿子说："其实水反复烧开后还是可以喝的。"爸爸说："你一个小孩子懂什么，我吃过的盐比你吃过的米都多。"

小明的爸爸暗示了这样一个论证：

1. 小明是一个知识和经验都不丰富的孩子。（假定的事实类命题）
2. 如果一个人的知识和经验都不丰富，那么这个人说的话是错误的。（假定的事实类命题）

因此，3. 小明说的话是错误的。（由1和2推出的事实类命题）

这里，2是错误的。这个谬误叫"人身攻击"，也叫因人废言，它企图根据给出某个结论的人身上的某种负面特征，证明那个结论是不对的。

下面这个案例也包含人身攻击。

- 爸爸说："有些蛇是有毒的。"小明说："不，所有蛇都是无毒的。"爸爸说："你一个小孩子懂什么，我吃过的盐比你吃过的米都要多。"

这段对话中，虽然爸爸的说法是对的，小明的话是错误的，但爸爸依然犯了人身攻击谬误。因为爸爸的论证依赖一个不能接受的理由：如果一个人的知识和经验都不丰富，那么这个人说的话是错误的。

同理，下面这些理由也都是错误的：

- 如果某人长得很丑，那么此人说的话是错误的。
- 如果某人家里很穷，那么此人说的话是错误的。
- 如果某人经常说谎，那么此人说的话是错误的。
- 如果某人不孝顺父母，那么此人说的话是错误的。

用到上述理由的论证都包含人身攻击谬误，因为我们不能根据说话人的特点，推理出其说的话是错误的。

◉ 因人纳言

- 如果某人说话声音很大，那么此人说的话是正确的。
- 如果某人聪明绝顶，那么此人说的话是正确的。
- 如果某人刚正不阿，从不受贿，那么此人说的话是正确的。
- 如果某人位高权重，总是能在对话的最后总结发言，那么此人说的话是正确的。

因人纳言和人身攻击谬误刚好相反，它是指企图根据给出结论的人身上的某种正面特征，证明那个结论是对的。

◉ 诉诸大众

- 许多人都相信有因果报应。因此，我们也应该相信世间存在因果报应。
- 许多人都在抽烟和喝酒。因此，我们也应该抽烟和喝酒。

这类论证经过分析后，会变成：

1. 许多人都相信某件事，或都在做某件事。(假定的事实类命题)
2. 如果许多人都相信某件事或都在做某件事，那么我们也应该相信这件事或做这件事。(假定的价值类命题)

因此，3. 我们也应该相信这件事，或做这件事。(由 1 和 2 推出的政策类命题)

2 在有些情况下是不可接受的。这个逻辑谬误叫"诉诸大众"。同理，以下说法也都存在逻辑谬误，虽然它们的结论看起来是正确的。

- 许多人都不相信有因果报应。因此，我们也不应该相信因果报应。
- 许多人都不抽烟和喝酒。因此，我们也不应该抽烟和喝酒。

但在有些情况下，2 是可以接受的。假设我去一间公共厕所，看不到性别标识牌，无法确定哪边是男厕所，哪边是女厕所。

1. 许多女士都相信左边这间是女厕所，都进去了。(假定

的事实类命题）

2. 如果许多人都相信某件事或都在做某件事，那么我们也应该相信这件事或做这件事。（假定的价值类命题）

因此，3. 我们也应该相信左边这间是女厕所。（由1和2推出的政策类命题）

所以，在一些情况下，大众的言行是可以接受的理由，而在另一些情况下，大众的言行不可以被当作理由来接受。我们需要根据经验和思考，来判断一个具体情境属于哪种情况。

◉ 诉诸伪权威

- 小明说："张医生说了，只要服用冬虫夏草，你的乙肝就会药到病除。"

用论证格式分析后，这个论证会变成：

1. 张医生说了，你只要服用冬虫夏草，你的乙肝就会药到病除。（假定的事实类命题）

2. 如果某人专长于某个领域，没有利益相关，了解各种最新信息，有能力解释其给出的结论，给出的结论在其专长领域之内，并且眼下不存在其他专家给出不同结论，那么此人说的话是值得相信的。（假定的价值类命题）

3. 张医生对于乙肝的治疗十分擅长。（假定的事实类命题）

4. 张医生没有动机在此事上说谎。（假定的事实类命题）

5. 张医生了解你的病情的详细信息。(假定的事实类命题)

6. 张医生有能力为自己的判断提供理由。(假定的事实类命题)

7. 眼下不存在其他专家医生给出不同结论。(假定的事实类命题)

8. 张医生给出的结论在其专长领域之内。(假定的事实类命题)

因此，9. 你应该服用冬虫夏草。(由 1、2、3、4、5、6、7、8 推出的政策类命题)

要让 9 可以接受，3 ～ 8 这 6 个理由必须全部可以接受。事实上，这 6 个理由中，很可能至少有一个是不对的，或许有多个是不对的，这样，这个论证就犯了"诉诸伪权威"谬误。

◉ 滑坡谬误

- 爸爸说：你现在不好好学习，就上不了好初中。上不了好初中，就上不了好高中。上不了好高中，就上不了好大学。上不了好大学，就找不到好工作。找不到好工作，你就会穷困潦倒，一辈子就毁了。所以，你现在不好好学习，就会毁了自己的一生。

- 妈妈说：你现在好好学习，就能上好初中。上了好初中，就能上好高中。上了好高中，就能上好大学。上了好大学，能找到好工作。找到好工作，就会过上富裕的生活，就会有美好的一生。因此，你现在好好学习，就能有美好的一生。

这个论证大致如下：

1. 如果 A 发生，那么 B 很可能发生。如果 B 发生，那么 C 很可能发生。如果 C 发生，那么 D 很可能发生。如果 D 发生，那么 E 很可能发生。（假定的事实类命题）
2. 我们希望 E 发生，或者不希望 E 发生。（假定的价值类命题）

因此，3. 我们应该使得 A 发生，或者不应该使得 A 发生。（由 1 和 2 推出的政策类命题）

在这个论证中，"很可能"传递了多个环节，在传递的过程中总的可能性会不断降低。如果那个"很可能"是极高的概率，而且只传递了较少的环节，那么这个论证是有效的。例如，4 个 99% 相乘后，依然可以得到 96% 这个比较高的概率。但如果"很可能"并不是特别高的概率，而且要传递很多环节，那么论证中就会出现"滑坡谬误"。例如，10 个 75% 相乘后，就只剩下 5.6% 了。

◉ 完美主义谬误

- 甲和乙在讨论要不要在教室里安装摄像头。甲说：摄像头可能掉下来，砸到学生，所以不要安装摄像头。

这个论证如下：

1. 如果某项措施有至少一个缺点，那么就不应该采取这
   项措施。（假定的价值类命题）
2. 在学校的教室里安装摄像头，至少有可能掉下来砸到
   学生这一个缺点。（假定的事实类命题）
   因此，3. 不应该安装摄像头。（由1和2推出的政策类命题）

显然，1是不合理的，它犯了"完美主义谬误"。我们不能因
为吃饭可能会噎住就拒绝吃饭，这就是所谓的"因噎废食"。

反过来，我们也不能因为某项措施至少有一个优点，就认
为应该采取这项措施。这叫作"反完美主义谬误"，指的是认为
反正一个东西不可能完美，所以只要它有一个优点，就算是好
东西了。

为了避免这两种谬误，我们要进行权衡。任何事情都既有收
益也有成本，当收益大于成本，或者说，边际收益大于机会成本
时，这件事情就是值得去做的。

◉ 以偏概全

- 小明说："我爷爷又抽烟又喝酒，活了112岁。所以抽烟、
  喝酒对身体无害。"
- 小强说："我有个朋友的妈妈去法华寺上了一炷香，这个
  朋友就考上了清华大学。所以，你高考前也应该去法华寺
  上香。"

这些论证大致如下：

1. 某些样本有 X 特征。(假定的事实类命题)

2. 这些样本能代表总体。(假定的事实类命题)

因此，3. 总体也有 X 特征。(由 1 和 2 推出的事实类命题)

当 2 是错误的时，我们就说论证犯了"以偏概全"谬误。该谬误通常源于样本的数量太少，或者取样过程有系统性偏差。但如果 1 和 2 都没有错，论证就不存在逻辑谬误。

◉ 不当类比

- 教练说："水滴石穿，只要你努力练习，这次 100 米短跑就一定能拿第一名。"
- 张三说："处对象就像泡方便面，只要你足够热情，就一定能软化她的心。"

这些说法中都存在包含不可接受的前提的类比论证：

1. 如果 A 和 B 有足够多重要的相似之处，且两者的不相似之处不多或不重要，那么若 A 有 X 特征，则 B 也会有 X 特征。(假定的事实类命题)

2. A 和 B 有足够多重要的相似之处，且两者的不相似之处不多或不重要。(假定的事实类命题)

3. A 有 X 特征。(假定的事实类命题)

因此，4. B 也有 X 特征。(由 1、2、3 推出的事实类命题)

通常，1 和 3 是可以接受的，如果 2 不可接受，这个论证就犯了"不当类比"谬误；如果 2 可以接受，这个论证就是合理的类比论证。

在这一节中，我无法向你介绍每一种逻辑谬误包含什么不可接受的前提。你记不住这些逻辑谬误的名字也没关系，只要你掌握了论证格式这个工具，能指出一个论证中具体是哪个前提或隐含前提不可接受，就足够了。

练 习

请用论证格式分析并评价下面这些论证。如果某个论证存在逻辑谬误，请指出是什么逻辑谬误。如果你认为某个论证不存在逻辑谬误，也请说出理由。

（1）你认为应该先杀猪，驴也是这么想的。因此，你是驴。

（2）如果张三是心理咨询师，那么他一定拥有心理咨询师的职业资格证书。张三不是心理咨询师。因此，他没有心理咨询师的职业资格证书。

（3）可能是路由器坏了，也可能是网线坏了。路由器坏了。因此，网线没坏。

（4）李老师推荐了一本书，但那书是他自己写的。因此，那书不值得读。

（5）李老师没有推荐那书，因为李老师和那本书的作者关系不好。因此，那书很值得读。

（6）人生就像田径比赛，不能让孩子输在起跑线上，要让孩子比别人更快地抵达人生终点，成为人生赢家。因此，死得最早的孩子，就是最大的人生赢家。

（7）良药苦口利于病，忠言逆耳利于行。他说的话那么难听。因此，他的话一定是忠言，你应该听他的话。

（8）没有喝过豆汁，不算真正来过北京。李老师没有喝过豆汁。因此，李老师不算真正来过北京。

3.3 用论证格式分析行为：认知中的隐含假设

李四先生今年 20 岁，正在读大学。从中学开始，他就有一个习惯，绝不能让同学发现自己在学习。他买的教辅书，绝不能让同学知道是哪一本。每次考试后，他都要检查同学的试卷，看看老师是不是多给了分。现在读大学了，虽然环境和中学不同了，但李四也绝不会向同学分享自己在网上找到的学习资料。他每次需要用手机或电脑上网学习时，都要找同学不在身边的时机。

王五先生 52 岁时得了抑郁症，但他坚持不向亲人和朋友透露自己的病情。王五并没有经历离婚、失业之类的负面事件。他是一位著述颇丰的批判性思维领域的教授，主要从事成人教育。他经常对着镜子里的自己说，要做一个坚强、勇敢、理性的男子汉，要用强大的真男人的意志力，独立地战胜抑郁症这一敌人，克服困难。最终，王五没能独立克服困难。他还是找了医生，在药物和亲友的帮助下治愈了抑郁症。

李四、王五都是化名，但他们的故事是真实的。他们为何会做出那些行为？为何没有做出另一种选择？李四为何坚持不与同学分享学习资料？王五为何坚持不向亲友透露自己的病情？

根据认知行为疗法的原理，人类的行为和情绪，并不单纯是某个刺激或事件的结果，还必须经过认知的中介，才能产生相应的行为和情绪。例如，假如你收到了一束花，你会产生怎样的情绪，做出什么行为？如果你的认知是"这束花是暗恋我的人送的"，那么你可能会很高兴，把花插在花瓶里。如果你的认知是"这是竞争对手故意在我失败时送来讽刺我的"，那么你可能会生气，把花扔进垃圾桶。

可见，单纯的事件、物件、感知觉对象，并不会直接带来情绪和行为。我们要对那个事件、物件或感知觉对象进行认知上的加工处理，才会产生情绪和行为。

这个过程和论证非常相似。我们可以把人的行为和情绪当作结论，把事件或物件当作前提。用论证格式分析它，重点是补全论证中的隐含理由。此时隐含理由正是行为和情绪的"认知中介"。

利用论证格式分析李四的行为：

1. 优质资源是稀缺的，像一个蛋糕，别人多切走一块，自己就会少一块。（假定的）
2. 在这个社会中，人与人之间总是在进行零和博弈。一个人的所得，必然是另一个人的所失。（假定的）
3. 同学一旦知道了优质教辅书的名字，就得到了利益。（假定的）
4. 同学得到的利益，刚好是自己失去的利益。（由 2 和 3 推出的）

5. 同学一旦获取了更多优质信息，就有了更强的获取稀缺资源的能力、更强的"切蛋糕能力"。(假定的)

6. 一旦同学拥有了更强的获取稀缺资源的能力，自己能获取的稀缺资源就会变少。(由1和5推出的)

7. 我不希望自己失去利益，不希望自己能获取的稀缺资源变少。(假定的)

因此，8. 我决定不让同学知道自己购买的教辅书的名字，不主动向同学提供优质信息，尽可能减少身边的同学获取优质信息的机会。(由4、6、7推出的)

对王五的行为的分析如下：

1. 一个人患抑郁症，可能是因为遭遇了重大的负面事件，也可能是陷入了情感或事业上的低谷，还可能是因为性格软弱、不理性。(假定的)

2. 我没有遭遇重大的负面事件，没有陷入情感或事业上的低谷。(假定的)

3. 我可能由于性格软弱、不理性，才得了抑郁症。(由1和2推出的)

4. 真男人都是坚强、理性的，而我是一个真男人。(假定的)

5. 我如果能凭借意志力，不借助医生、家人和药物的帮助，用意念战胜抑郁症，就能证明自己是个真男人。(假定的)

因此，6. 我决定凭借自己的意志力，不借助医生、家人和

药物的帮助，用意念战胜抑郁症。(由3、4、5推出的)

王五最终决定找医生治疗，依靠药物和亲友的帮助，这又该如何分析呢？

1. 我发现自己之前搞错了抑郁症的原因。我现在认为，一个人患抑郁症，可能是因为遭遇了重大的负面事件，可能是陷入了情感或事业上的低谷，可能是因为性格软弱、不理性，还可能是因为神经系统的功能出了故障，或者其他原因。(假定的)

2. 我没有遭遇重大的负面事件，没有陷入情感或事业上的低谷，性格也不软弱。(假定的)

3. 我可能由于神经系统的功能出了故障，或其他还不知道的原因，而得了抑郁症。(由1和2推出的)

4. 由于神经系统的功能出了故障而患抑郁症并不可耻。服用治疗神经系统的药物，是一种治疗抑郁症的可行方案。(假定的)

5. 我发现，反复对着镜子里的自己说要战胜抑郁症这种做法持续了很长时间也没效果。(假定的)

6. 反复对着镜子里的自己说要战胜抑郁症，是一个无效的治疗方案。(由5推出的)

7. 我没必要维护之前以为的"真男人"的形象，真男人可以是柔情似水、感性、敏感而又脆弱的。(假定的)

8. 我没有必要向医生、家人隐瞒自己的病情。(由7推出的)

因此，9. 我决定向医生、家人求助，治疗抑郁症。（由3、
4、6、8 推出的）

有些隐含假设是合理的，有些是不合理的。王五发现了自己
认知中的隐含假设，自然也发现了其中不合理的那一部分，也就
有可能纠正它们。

在这个案例中，王五主要纠正了三个不合理的隐含假设：
1）自己对抑郁症病因的错误认识，2）对"真男人意念疗法"效
果的高估，3）必须维护真男人形象的价值观。

发现并纠正错误的隐含假设的过程，类似于分析论证并在评
价论证时指出不可信的隐含前提。图 3-1 是心理学家阿伦·贝克
（Aaron Beck）提出的认知行为模型。我们将最右边的情感反应、
行为反应、生理反应当作论证中的结论，如"我应该感到厌烦 /
绝望 / 焦虑 / 恐惧""我应该不去上班 / 大肆购物 / 和他吵架 / 不去
看医生""我失眠 / 胃痛 / 头痛 / 失去性欲"……

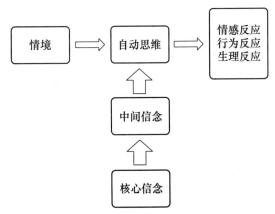

图3-1　阿伦·贝克提出的认知行为模型

这些情绪、行为和生理反应，并不是由某个情境直接导致的。例如，许多人考试时会紧张、出汗，原本记住的知识都想不起来了。但"身处考场"这一情境，并不会直接导致"紧张"这种情绪，也不会导致"难以成功回忆出原本记住的知识"这样的行为。情境因素还需要经过自动思维这一认知中介，才会让人产生特定的情感、行为和生理反应。例如：

1. 我正在考试，对一些题目没有思路。（情境）
2. 我很可能会考砸，成绩比别人差很多，老爸会骂我，老师会对我感到失望，同学也会看不起我。（自动思维）
因此，3. 我应该感到紧张、焦虑、不安。（由 1 和 2 推出的行为反应）

有些人可能会有完全不同的自动思维，做出完全不同的行为反应：

1. 我正在考试，对一些题目没有思路。（情境）
2. 这种题目难不倒我。我先做其他题目，等会儿再来搞定它。（自动思维）
因此，3. 我完全不用焦虑，先做其他题目即可。（由 1 和 2 推出的行为反应）

还有些人可能会有这样的自动思维：

1. 我正在考试，对一些题目没有思路。（情境）
2. 没事，考砸了也没关系，反正还可以补考。（自动思维）

因此，3.我完全不用焦虑，先把能做的都做了再说，大不了下次补考。（由1和2推出的行为反应）

从贝克的认知行为模型图中，我们还看到，自动思维是由中间信念导致的，而中间信念又是由核心信念导致的。核心信念是一个人的世界观和价值观，是这个人关于自己、他人和世界的最基本、最概括、最抽象的信念。它是一个人从小到大慢慢养成的，极难改变。中间信念更具体一些，可以将其理解为一个人的为人处世策略，一个人的人生观。我们可以把自动思维、中间信念和核心信念三者都称为"认知中的隐含假设"。

没有认知中的隐含假设，就不会产生特定的情绪、行为和生理反应。我们可以用口诀来记住这个知识点："没有认知就没有情行"。

人们头脑中的认知，其实是一个个联结成网络的论证。我们把考试焦虑者的自动思维当作结论，支持它的前提就是此人的核心信念和中间信念：

1. 智力是人的核心价值。（核心信念）

2. 智力高的人是值得敬重、关爱的人。智力低的人是不值得关爱，甚至应该被贬低的人。（由1推出的）

3. 考试考砸的人是智力不高的人。（中间信念）

4. 如果我考砸了，我就是智力不高的人。（由3推出的）

5. 如果我考砸了，我就不值得敬重和关爱，别人就应该贬低我。（由2和4推出的）

6. 考试考砸是一件后果很严重、值得焦虑和担忧的事情。（由5推出的）

7. 我现在有可能考砸。（假定的）

因此，8. 我现在应该感到焦虑和担忧。（由6和7推出的）

假设这个考试焦虑者想改变自己的情绪，降低焦虑和担忧的程度，或者说他想改变8，那么他就应该改变核心信念、中间信念和考砸的预期中的至少一个，因为8是由前七条理由支持的。

我们回到李四的案例。李四决定不让同学知道自己购买的教辅书籍的名字，不主动向同学提供优质信息，尽可能减少身边的同学获取优质信息的机会。这是因为，李四可能有以下核心信念和中间信念：

- 世界上的优质资源是稀缺的，人们过着弱肉强食的生活，一人之所得必然是另一人之所失。
- 我的能力不够强，很可能成为"弱者"。其他人很可能会来欺负我，占我的便宜。
- 我应该尽力避免让自己变弱，也应该尽力避免让别人变强。

如果李四用以下信念替换上述信念，那么他的情感、行为和生理反应就会发生改变：

- 世界上的优质资源是无穷的。例如，太阳能可以满足人类的所有能源需求，目前我们只是缺少低成本开发太阳能的技术，而技术会飞速发展。
- 人与人之间过着团结互助的生活，大家不是在进行零和博弈，而是在进行正和博弈。贸易让交易双方都过得更好了。

- 我的能力足够强，但我不会欺负他人，而会尽我所能地帮助他人。就算我的能力不够强，遇到了困境，别人也不会欺负我，而会来帮助我。

练　习

　　请试着从你自己的亲身经历，或者你周围人的经历中，寻找至少三个案例。用论证格式分析你或他们的行为，重点是补充认知中的隐含假设。

　　注意，你的分析有可能是不完善的。毕竟认知中的隐含假设是隐含的，谁也不知道真相，所以我们只能试着提出尽可能好的猜想。如果有可能，请多和别人交流，这样你就有可能用更好的猜想来替换自己原先的猜想，实现更好的论证分析和行为分析。

3.4　应用论证格式的注意事项："锤子"与"显微镜"

　　俗话说，手里有了锤子，看什么都像钉子。现在，我们手里有了"论证格式"这个工具，可能会看什么都像论证，都想用"论证格式"来分析和评价。

　　可是，"论证格式"不是锤子这样简单的工具，它更像显微镜那样复杂的工具。想用好显微镜，需要听老师讲解操作流程，或者细读产品说明书，尤其是"注意事项"。否则，后果轻则看不清楚玻片上的标本，重则损坏显微镜，甚至伤到自己。

　　我们来看看使用论证格式的六个注意事项。

◎（1）有些语句不是论证，无法用论证格式来分析和评价

　　论证是给出理由支持结论的过程，或者说，论证是理由和结论的组合。不满足这个条件的语句不是论证。

　　单纯的断言和描述不是论证：我喜欢吃草莓。这头大象的体重超过3吨。

　　发出感叹不是论证：长城真美啊！我热爱中国！

　　举例子不是论证，其目的是让对方更容易理解自己的想法，而不是说服对方相信某个结论：流水不腐，户枢不蠹，我们要不断运动和变化，才能保持生机和活力。

　　对确定事实给出因果解释不是论证，因为"所以"后面的句子表达的内容是你早已相信的：因为他没吃早餐，所以现在无精打采。因为光从空气进入水中时会发生折射，所以筷子斜插在杯子里时，看起来就像折断了。

　　条件句不是论证，它可以给出理由或结论，但它并不是完整的论证：如果你当初没有炒股，你就不会这么穷。如果张三是个教师，那么张三有教师资格证。

◎（2）同一个自然语言论证可以有多个不同的论证格式
　　　　分析结果

　　以"我是你妈，所以你要听我的"这个论证为例，我们至少有三种方式，将其改写为标准格式。

　　第一种诉诸某种价值排序。

　　1.我是你妈。（假定的事实类命题）

2. 父母的需求比子女的更重要。(假定的价值类命题)

3. 人应该优先满足父母的需求，而不是自己的需求。(由2推出的价值类命题)

4. 如果听我的话，那么你就优先满足了我的需求。(假定的事实类命题)

因此，5. 你应该听我的话。(由3和4推出的政策类命题)

第二种诉诸权威：

1. 我是你妈。(假定的事实类命题)

2. 一个人的父母比这个人更擅长X领域。(假定的事实类命题)

3. 我说的话属于X领域。(假定的事实类命题)

4. 我没有说假话的倾向。(假定的事实类命题)

5. 没有其他擅长X的人给出不同的建议。(假定的事实类命题)

6. 如果一个人擅长某个领域，其说的话属于该领域，这个人没有说谎的倾向，且暂时没有其他专家给出不同的建议，那么这个人说的话是值得相信的。(假定的价值类命题)

因此，7. 你应该听我的话。(由1、2、3、4、5、6推出的政策类命题)

第三种则更接近谈判：

1. 我是你妈。(假定的事实类命题)

2.如果你不听我的话，我就会惩罚你。（假定的事实类命题）

3.如果你听了我的话，我就会奖励你。（假定的事实类命题）

4.你希望受到奖励，不希望受到惩罚。（假定的事实类命题）

5.暂时不存在其他能让你不受惩罚或受到奖励的方法。

（假定的事实类命题）

6.你的希望是值得被满足的。（假定的价值类命题）

因此，7.你应该听我的话。（由1、2、3、4、5、6推出的政策类命题）

从这三种分析中可以看出，使用"论证格式"分析一个论证时，不存在标准答案，可能存在多种分析方式。在获得更多信息之前，我们甚至无法判断哪种分析更接近论者的本意。

这说明分析者有一定的自由，可以选择补充不同的隐含理由来使论证变得有效。通常，论者给出的原始论证越简略，要补充的隐含理由就越多，分析者的自由空间就越大。所以，在信息较少的情况下，我们无法断定论者究竟想表达什么论证。为了减少论证分析中的不确定性，我们可以向论者索取更多信息。如果论者不在场或者不在世，我们就需要通过其他途径获取更多信息。

如果实在想不到该怎么补充隐含假设，也无法从论者那里获取更多信息，无从知晓论者的本意，就补充一个"如果……那么……"句式的隐含理由。这个"如果……那么……"的句式叫"条件句"。在补充论证中的隐含前提时，条件句是万能句式。当然，万能的东西通常不是最佳的，只能临时用一用。

以"我是你妈，所以你要听我的"为例。如果我们对于"妈妈"的想法一无所知，可以将这个论证分析成：

1. 我是你妈。（假定的事实类命题）

2. 如果我是你妈，那么你就应该听我的。（假定的政策类命题）

因此，3. 你应该听我的话。（由1和2推出的政策类命题）

◉（3）不同命题类型之间没有绝对的区分

为了方便判断命题是否为真、是否可以接受，我们将命题划分为"语义类命题""事实类命题""价值类命题"和"政策类命题"四类，也就是"义事值政"。

因为不同类型的命题没有明确的区分，并且同一句话能同时表达多个不同类型的命题，所以在实际使用论证格式时，我们可以仅注明序号和隐含前提，省略括号里的内容。不区分命题的类型，并不妨碍你完成论证的分析、评价和建构，不过你仍需要记得用不同方式去验证这四类命题是否可以接受。

◉（4）命题的可接受性随语境的变化而变化

论证出现在生活中，诞生于人与人的对话中。不同的人对命题的可接受性的看法是不同的。基督徒也许认可《圣经》中的句子是可接受的命题，但非基督徒就可能不把它们当作合理的证据。也许患者家属听到医生说"我认为这是最好的治疗方案"便相信了这一结论，但这个医生要说服她的同事，就不能只说"我认为"，而要说出她这样认为的医学依据。

在谈判语境中，"如果你不接受我们的要求，我们就组织罢工"这一威胁式的命题，也能成为合理的论证的一部分。但"如果你们不发表我这篇论文，我就再也不向你们期刊投稿了"这一威胁式的命题，至少在科研领域不被接受。

仅从修辞学的角度考虑，任何可能被受众接受的命题，都可以被论者当作前提来支持其结论。法律领域、医学领域、艺术领域、政治领域等不同领域的受众，在什么样的命题可以接受的判断标准上，有一些共识，也有一些差异。

◉（5）关键语词需要先厘清定义

甲与乙争论丙是不是秃头。甲说，丙只有不到30根头发，当然是秃头。乙说，丙头发数量大于0，不算秃头。

甲与乙争论丙的妈妈究竟是谁。甲说，是赵女士，因为是赵女士生下了丙。乙说，是刘女士，因为是刘女士把丙抚养长大。

以上争论，与其说是关于事实的，不如说是关于语义的。不难设想，还有许多容易引起争论的语义。例如，在"我的肾脏""我的手机"和"我的思想"这三个短语中，"我的"这个语词是一样的，但它们的语义却很不一样。换言之，在讨论具体的所有权问题时，"所有权"这个概念本身就值得先厘清。

有些语义纷争只是小事，有些则会引起法律诉讼，而关于"公平""自由""正义"或"理想的生活方式"这些语词的语义纷争，甚至可能引发战争。

当论证中某些语词的含义本身就是纷争的焦点时，我们就需要先厘清语义，再去探究事实、价值和政策。

◉ （6）对自己的论证和他人的论证要同样挑剔

在使用论证格式分析他人的论证时，我们就像挑剔的美食评论家，总是挑三拣四，却很少以同样严格的标准来分析和评价自己的论证。

别人的论证中只提到一个个例，就是"孤例不证"，论证无效。自己的论证中只提到一个个例，就是个例能充分代表总体，论证有效。

别人的论证援引了某个专家的意见，就是"诉诸伪权威"，论证无效。自己的论证中援引了某个专家的意见，就是反映了业界共识，论证有效。

别人的论证中有一个关键概念没有清晰的定义，就是因为别人思路不清晰，愚昧无知。自己的论证中有一个关键概念没有清晰的定义，就是因为自己思想深刻、知识广博，没时间在意这些小节。

别人的论证中有不靠谱的隐含前提，就是致命的缺陷，是他想要蒙混过关，必须大加批判。自己的论证中有不合理的隐含前提，就是无心之失，可以原谅。还可能是别人搞错了，自己的那个隐含前提其实是合理的，不用刻意说出来浪费大家的时间。

人总是容易发现别人的错误，却很难发现自己的错误，更难承认自己的错误。

要想养成自我批判的习惯，有一个技巧，就是把想法和人分割开来。如果自己的想法和自己这个人紧密联系在一起，那么当我们的想法出错时，我们就会觉得很痛苦。别人反驳我们的论证，就像是打我们的脸。别人打了我们的脸，我们就很难忍住不打回去。如此，原本理性的论证，就变成了难看的口水战。而如果自己的想法和自己这个人能够分割开来，我们就能以更超然的态度，和别人一起反驳我们自己的论证。发现自己的想法出错时，我们会觉得很开心，因为又多了一个纠正自己的错误想法的宝贵机会。

本章的关键词 ————————————————

演绎论证（deduction）：一种论证的类型。在这类论证中，如果前提为真，那么结论必然也为真。

归纳论证（induction）：一种论证的类型，通常是从样本的情况推出总体的情况。

类比论证（analogy）：一种论证的类型，通常是根据 A 和 B 相似，而且 A 有 X 特征，推出 B 也有 X 特征。

溯因论证（abduction）：又叫最佳解释推理（inference to the best explanation），通常是根据已经观察到的事实，推出这一事实发生的原因。

合情论证（plausible reasoning）：一类在日常生活中很常见论证。虽然前提为真并不能保证结论为真，但前提似乎能合情合理地支持结论。

逻辑谬误（fallacy）：不正确的推理、论证方式。常见的逻辑谬误有自己专属的名字。

非黑即白（false dichotomy）：一种逻辑谬误，它错误地预设了只有两种可能性。也叫虚假两难。

人身攻击（ad hominem）：一种逻辑谬误，它根据说出某番话的人的一些负面特征，来推论那番话是错误的。也叫因人废言。

因人纳言：一种逻辑谬误，它根据说出某番话的人的一些正面特征，来推论那番话是正确的。

诉诸大众（ad populum）：一种逻辑谬误，它根据有许多人相信某个结论，推论那个结论是值得相信的。也叫诉诸流行。

诉诸伪权威（appeal to authority）：一种逻辑谬误，它根据某个不可靠的权威专家给出了某个结论，推论那个结论是值得相信的。它是因人纳言的子类。

滑坡谬误（slippery slope）：一种逻辑谬误，它在一连串的因果推理中，高估了因果传递的强度，从而也高估了结论的可能性。

完美主义谬误（perfectionist fallacy）：一种逻辑谬误，它根据某件事无法做到完美，推论这件事不值得做。

反完美主义谬误（fallacy of expediency）：一种逻辑谬误，它根据某件事至少有一个优点，推论应该做这件事。它也叫权宜主义谬误。

以偏概全（hasty generalization）：一种逻辑谬误，它根据一些样本的特征推论总体的特征，然而那些样本并不能代表总体。

不当类比（false analogy）：一种逻辑谬误，它采用了类比论证的形式，但至少有一个前提不可接受。

认知行为疗法（cognitive behavior therapy）：简称为 CBT，以帮助病人改正自身认知中错误的隐含假设的方式，来治疗病人的心理问题。

自动思维（automatic thought）：人在某个具体情境中自动产生的想法。它会导致人们产生某些具体的生理、情绪和行为反应。除非刻意去反思，人们一般不会意识到自己的自动思维。

核心信念（core beliefs）：一个人关于自己、他人以及世界的最基本的看法，可以称为一个人的世界观和价值观。

中间信念（intermediate beliefs）：介于核心信念和自动思维之间的信念，起到承上启下的作用。它通常是一个人做事情的策略，可以称为人生观。

论证建构和问题解决
从输入到输出

我认为，只有当我们能够证明我们给出的所有判断时，我们才算真正理解了所考虑的事情。

　　—— 戈特弗里德·莱布尼茨

我最不喜欢的东西就是支持我珍视的观点的糟糕论证。

　　—— 丹尼尔·丹尼特

我们只有在遇到问题时才会思考。

　　—— 约翰·杜威

一个定义良好的问题已经被解决了一半。

　　—— 约翰·杜威

我们不从经验中学习……我们从对经验的反思中学习。

　　—— 约翰·杜威

4.1　建构有力的论证：说服他人的不同思路

　　我们已经学习了如何分析和评价论证。分析论证，就是理解一个论证的结构，重点是补全隐含前提，并给关键概念下定义。

评价论证，就是判断一个论证好不好。如果已经完成论证分析，那么 AV 标准中的 V 已经满足，只需要再考虑 A。此时，我们的任务就是搞清楚论证的前提是否全部可以接受。

我们分析和评价的一般是已成型的论证。而建构论证，则是要创造一个还未成型的论证，来说服他人。无论是口头论证还是文字论证，其要点都既非口才也非文笔，而是思路。当结论是不同类型的命题时，建构论证的思路会有些不同。

◉ 事实论证

以事实类命题为结论的论证叫"事实论证"。事实论证的思路包含两个步骤。

第一步：确定语词的定义，最好是操作性定义。

第二步：搜集更多信息，用数据支撑结论。

假设"小明的身高是 1.75 米"是个有争议的结论。我要给出理由来支持这个结论，首先就要确定语词的定义。我们要确定，小明具体是指哪一个人，小明是否驼背，其身高应该早上测量还是晚上测量，穿鞋测量还是不穿鞋测量。确定了"小明""身高"这两个语词的定义后，我们就要进行第二步，搜集更多信息。我们可以用尺子直接测量小明的身高，也可以看小明的体检报告。有了这些信息，我们就能支持或反对这一结论。

要支持"大量阅读是心智成长的重要原因"这个结论，首先需要对其中的语词进行操作性定义，例如，"大量阅读"指阅读超过 100 本非小说类读物，"心智成长"指智力、学术成就、工作绩效、经济收入、人际关系处理等方面有进步，可以用一些客观的量表来测量。有了这些操作性定义，我们就可以调查和研究，看看"大量阅读"是不是真的能使"心智成长"。

"用户现在对产品稳定性的需求大于对产品功能的需求"这个事实类命题相对复杂。"用户"一般指全体用户，也有时专门指付费用户。"产品稳定性"是指产品是否容易出现故障。"产品功能"是指产品是否有更多新功能。要知道用户究竟需求什么，通常需要调查用户的想法。如果用户数量太多，就要抽样调查。调查方式多种多样，包括当面访谈、电话访谈、调查问卷、行为数据分析等。所以，在确定语词的定义时，我们要设计一个调查用户需求的可操作的方案。之后实施方案，根据调查得来的数据，确定结论是真还是假。

◉ 价值论证

以价值类命题为结论的论证叫"价值论证"。建构价值论证比事实论证要难一些，也包含两个步骤。

第一步：协商出大家都认可的价值标准。

第二步：应用价值标准，判断价值类命题是否可以接受。

要支持"小红死有余辜"这个结论，第一步是建立一个大家都认可的"死有余辜标准"，例如，"死有余辜者"是生前做了伤天害理之事，且毫无悔意，如果活下去还会继续做坏事的人。第二步就是应用这个"死有余辜标准"，看看小红是否满足这些条件。

同理，要支持"张三比李四更美"，也要先建立一个"X比Y更美"的标准，例如，使用人脸识别算法给两人的外貌打分，或通过调查问卷让许多人评分。

要支持"完成家庭作业比看电视更重要"，也要先建立"做X事情比做Y事情更重要"的标准，例如，如果X事情能带来更长远的好结果，而Y事情不能，X事情就比Y事情更重要。

"征收遗产税比不征收遗产税更公平"这样的价值类命题，就比"张三比李四更美"复杂很多。前者涉及"什么样的社会制度才是公平的制度"这个大问题，后者则主要是个人偏好的问题。如果你想要为大问题的答案提供论证，你需要学习经济学、社会学、法学、政治学、政治哲学方面的理论知识。

◉ 政策论证

政策类命题比价值类命题和事实类命题更复杂。它的一般形式是"应该以X方案来达到Y目标"。

要接受一个政策类命题为真，通常需要预先假定价值类命题"Y目标是值得达成的"或"我们应该将Y设定为行动目标"为真，还需要假定事实类命题"X方案的确能达到Y目标"为真。如果这些假定不成立，就需要先进行事实论证和价值论证，然后才能进行政策论证。即便这些假定成立，也不代表应该采取X方案，因为X方案不一定是最好的。

政策论证的思路，同样包含两个步骤。

第一步：搜集更多信息，说明X方案的成本较低，收益较高。

第二步：搜集更多信息，说明与其他方案相比，X方案更合适。

"我们今晚应该一起努力读书"这个政策类命题没有说明目标，而且也很难猜出目标是什么，可能是"促进我们之间的感情"，也可能是"增加下次考试得高分的概率"，还可能是"提高自己的知识和能力水平"。当然，也可能是说要同时达到这三个目标。而只有当目标确定下来之后，我们才能进一步论证"一起读书"这个方案，与其他方案相比，究竟是更好还是更不好。

"应该让张三而不是李四来主管这个项目"则是个相对简单的政策类命题。目标容易猜到，应该是"使得项目成功"。假定这个项目是值得做的，并且假定人选只有张三和李四，且只能选一人，不能两人一起主管。那么，我们要做的就是对比张三和李四，看看两人的履历，了解两人的项目计划方案。通过这些方式，理论上我们能建构起关于谁更合适的论证。

在现实生活中，政策论证之所以复杂，是因为它预先假定成立的价值论证和事实论证，很多时候并不成立。而且对比不同的方案，权衡利弊并非易事。我们往往要一边给出论证，一边搜集大量新信息，然后继续优化论证，同时继续搜集新信息……如此循环很多遍，才能给出好的政策论证。

以"我们应该为孩子报这个批判性思维培训班"为例。这个政策类命题不完整，它没有说明目标。该如何补全目标呢？

许多家长会这样补全：我们应该为孩子报这个批判性思维培训班，从而不让孩子输在起跑线上。但是，"不让孩子输在起跑线上"真的是一个值得达到的目标吗？人生是一场赛跑吗？最先抵达人生终点的人，就是人生赢家吗？那么岂不是最先死的人就是最大的人生赢家？或者跑得最远的人就是赢家？那么人生赛跑中的速度、时间和距离又分别是什么呢？

让我们换个目标：我们应该为孩子报这个批判性思维培训班，从而满足孩子学习批判性思维的需求，提升孩子的批判性思维能力，顺便让孩子认识些新朋友。

假定孩子真的有学习批判性思维的需求，批判性思维能力也确实是一项值得培养的能力，认识些新朋友也没什么坏处。我们仍要思考：报这个培训班是最合适的方案吗？这个培训班的成本是多少，收益有多高？还有其他更好的培训班吗？除了培训班之外，还有其他方案能达到这些目标吗？

如果不能提出正确的问题，我们便给不出正确的答案。虽然事实论证和价值论证也要求我们提出正确的问题，但那相对简单，要问的无非是定义、标准、数据和理论。而政策论证的难度更高，我们不仅要问定义、标准、数据和理论，还要问成本和收益，以及其他潜在方案的成本和收益。

建构论证，往往并不是先决定结论是什么，再去寻找证据支持这个结论。在建构论证时，我们通常要先找到"问题情境"，提炼出恰当的问题；然后，搜集足够多的信息，给出试探性的答案和论证；再与他人探讨，不断优化答案和论证。

复　习

（1）建构事实论证有两个步骤：第一步是确定语词的定义，最好是操作性定义；第二步是搜集更多信息，用数据来支撑结论。

（2）建构价值论证有两个步骤：第一步是协商出大家都认可的价值标准；第二步是应用协商出的价值标准，判断价值类命题是否可以接受。

（3）政策类命题的一般形式是"应该以 X 方案来达到 Y 目标"。建构政策论证需要先假定与其相关的事实论证和价值论证都是成立的，即 Y 目标是值得实现的，且 X 方案能达到 Y 目标。然后再采取两个步骤：第一步，搜集更多信息，说明 X 方案的成本较低，收益较高；第二步，搜集更多信息，说明与其他方案相比，X 方案更合适。

（4）建构论证时，我们要先找到"问题情境"，提炼出恰当的问题；然后搜集更多信息，给出试探性的论证；再与他人探讨，不断优化论证。

4.2 从论证建构到问题解决：五步解决复杂问题

建构论证总是离不开具体的情境。而在需要用到论证的情境中，通常有一个待解决的问题。

问题解决是一项和论证建构紧密相关的技能。在第 1 章中，我们提到"小明"曾经运用问题解决技能，分析了"要不要卖掉农村的房子"这个问题。小明对于问题的分析很透彻，并且给出了很好的论证，让长辈们采纳了他提出的问题解决方案。

小明之所以能建构出足够好的论证，是因为他的头脑中有一套专业的问题解决模型。在这一节，我们将要了解"现目获选优"这个五步问题解决模型。根据这个模型，以下五个步骤适用于解决各种问题（见图 4-1）。

第一步：确定现状。

第二步：设定目标。

第三步：获取并列举算子。

第四步：选择并执行算子。

第五步：优化整个过程。

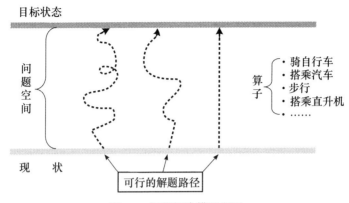

图4-1 问题解决模型图示

现状和目标状态之间的差异就是问题空间。问题解决就是缩小现状和目标之间的差异，直到差异为零，即在问题空间中找到一条可行的路径，帮助我们从现状抵达目标。解决问题的方案被称作"算子"，它是任何能缩小差异的措施、方法、手段、工具。如果现状是"身处城南"，目标状态是"身处城北"，那么算子就是任何可以使一个人从城南抵达城北的方案，如步行、搭乘汽车、搭乘直升机等。问题解决也可以看作获取并执行合适算子的过程。

"现目获选优"五步中，第一步和第二步合在一起，完成了对于问题的分析和定义；第三步和第四步合在一起，完成了问题的解决；之后，还需要时刻准备优化全过程。

我们来看几个案例。

- 小明在书房里看书，准备一周后的考试。屋顶的灯突然不亮了，小明感到不满意，有些沮丧和气愤。灯泡是最近才换的，怎么又不亮了？他生气地把书摔到桌子上，开始想办法解决这个问题。

许多人将负面的情绪或难受的状态视为问题，但恐惧、沮丧、失望、悲伤、愤怒等并不等于问题，它们是人类遇到问题时可能产生的消极情绪。有些人在遇到问题时还会产生兴奋、开心等积极情绪。

问题是现状和目标之间的差异。小明要按照"现目获选优"这五个步骤来解决他遇到的问题，应该怎么做呢？

第一步，确定现状：

书房的灯不亮了，书房里光照不足。

第二步，设定目标：

使书房里有充足的光照。

第三步，获取并列举算子：

（1）自己寻找电灯故障的原因，并想办法排除故障。

（2）花钱请修理工来寻找电灯故障的原因，并想办法排除故障。

（3）拿台灯来照明。

（4）……

第四步，选择并执行算子：

假设小明不想花钱请修理工，没有更紧急的事要做，自己也有信心能排除电灯故障，那么他就可以选择1号算子。

假设小明心烦意乱，没心情去排除电灯故障，或者不具备这方面的知识，并且愿意花一些钱请修理工，那么他可以选择2号算子。

假设小明急着要读完手头的书，没时间排除电灯故障，那么可以选择 3 号算子，从其他房间拿一个可移动的台灯来用。

总之，选择并执行算子时，要具体情况具体分析。

第五步，优化整个过程：

假设小明选择了 1 号算子。在执行过程中，他发现换了灯泡，灯依然不亮，于是他无计可施了。因此，小明放弃了 1 号算子，先执行 3 号算子，同时也应用 2 号算子，打电话找修理工来修理。

优化整个过程其实不是最终步骤，而是一个需要时刻进行的步骤。在执行算子的过程中，我们可能会遇到新的问题，那么我们要回到第三步，获取并列举算子，然后再进入第四步，选择并执行算子。有时，我们甚至要重新确定现状和目标。

- 小明解决了照明问题，又读了几小时书，感到饿了。他用功了一整天，想要吃些美食，犒赏自己。

第一步，确定现状：

小明处于饥饿状态。

第二步，设定目标：

消除饥饿，获得美食体验。

第三步，获取并列举算子：

（1）用家中的食材自己做饭。

（2）出门吃饭。

（3）点外卖。

（4）……

第四步，选择并执行算子：

假设小明感到比较疲倦，不想做饭，也不想出门，那么小明可以选择点外卖。

第五步，优化整个过程：

小明点了外卖，半小时后收到了外卖。但小明发现这家店的食物不合他的胃口，仅能饱腹。于是，小明暂且放弃获得美食体验的目标，仅保留消除饥饿的目标。同时，小明决定不再点这家店的外卖。

- 小明一边吃饭，一边拿起手机，给暗恋对象小红发了几张表情图片，对方过了很久才回复。小明有些不满，也感到孤单，身边的人成双入对，自己却形单影只。他多希望自己喜欢的人也喜欢自己，与自己长相厮守。

第一步，确定现状：

小明处于单身状态，不时会感到孤单，与其他人对比后，可能还会感到自卑。

第二步，设定目标：

小明希望找到一个恋人。

第三步，获取并列举算子：

（1）向暗恋对象表白，提出恋爱邀请。

（2）寻找更多潜在的合适对象，并建立初步联系。

（3）……

第四步，选择并执行算子：

假定小明担心被小红拒绝，于是选择2号算子。

第五步，优化整个过程：

在通过互联网和其他渠道寻找更多潜在对象时，小明发现自己似乎不够有魅力，吸引力不够强，无法让潜在对象喜欢自己。

- 在与异性接触时，小明遇到了新的问题：他认为自己不够有魅力，于是想要变得更有魅力，更能吸引异性的关注与喜欢。

第一步，确定现状：

小明似乎不够有魅力。

第二步，设定目标：

小明希望提升自己的魅力，至少要达到能获取合适对象的芳心的程度。他之所以设置这样的目标，是因为在心里做出了一个论证。

1. 如果我想让异性喜欢我，那么我首先要做的就是提升自己的魅力。
2. 我非常想让异性喜欢我。

因此，3. 我应该将"提升自己的魅力"设置为优先级很高的目标。

第三步，获取并列举算子：

（1）了解女性会被什么样的男性吸引，结合自己的现状，做出针对性的改进。

（2）……

第四步，选择并执行算子：

在了解了一些社会心理学知识后，小明给出了一个论证。

1. 女性在择偶时，一般喜欢聪明、幽默、帅气、高大、拥有较多社会资源、距离较近、对她们友善、有较大可能选择她们的男性。
2. 我希望异性能优先考虑我作为择偶对象。

因此，3. 我要成为一个更聪明、幽默、帅气、高大的人；我要拥有更多的金钱和社会地位；我要离潜在对象更近一些；我要对潜在对象更加友善；我要向潜在对象表露出自己喜欢她的意思。

于是，小明整饰了自己的外表，买了一双底较厚的鞋，搬到了离潜在对象更近的地方住，并购买了逻辑学教科书，准备认真学习以让自己变得更聪明，还购买了一块昂贵的手表以显示自己的财富，同时不断向潜在对象做出友善之举，暗示潜在对象自己喜欢她。

第五步，优化整个过程：

在执行这些算子的过程中，小明也许会发现，学习逻辑学并不能显著地让他变得更聪明。最麻烦的是，自己即便变得更有魅力，也很可能无法赢得潜在对象的芳心。在问题解决的过程中，有时会出现难以克服的阻碍，但有时也会出现意料之外的惊喜。

从这些案例中，我们能看出问题解决的"现目获选优"五步模型是如何运作的（见图4-2）。

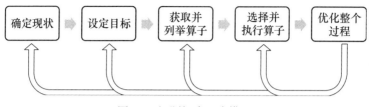

图4-2 问题解决五步模型

（1）确定现状：通常是某种令自己不满意的情况。

（2）设定目标：目标是一个期望达到的状态。有时候目标是别人给我们设定的，有时候目标是我们给自己设定的。

（3）获取并列举算子：获取更多信息，提出若干种缩小目标与现实之间差异的方法，也就是算子。

（4）选择并执行算子：根据具体情境，在诸多算子中选择合适的，以相应顺序执行这些算子。

（5）优化整个过程：在执行算子时，随时根据最新的反馈和需求，重新确定现状、设定目标，获取并列举更多算子，选择并执行更好的算子……

你也许会问，问题解决的五步模型和论证之间有什么关系呢?

论证是给出一些理由来支持某个结论的过程。而在解决问题时，我们需要支持很多结论，例如，"现状的确如此""应该设定那个目标""应该以这种途径获取算子""这些算子是可行性较高的算子""这些算子比另一些算子更好""需要重新确定现状和目标""需要寻找更多更好的算子"……

由此可见，论证和问题解决这两大技能是相辅相成的。问题解决给了我们论证的机会，而论证让我们能更好地解决问题。

在应用"现目获选优"五步模型时，还需要避免下面四个容易犯的错误。

（1）**没有设定明确的目标**：人们经常误把负面情绪和消极状态当作问题，事实上它们不是问题。虽然对现状的不满通常是我们寻找潜在问题的出发点，但问题既不是现状，也不是目标，而是这两者之间的差异。我们只有确立了明确的目标，才能将其与现状对比，从而知道问题究竟是什么。

（2）**设定目标时没有考虑优先级**：绝大多数情况下，人们同时有多个目标，不同目标有不同的优先级。例如，我要写几本书，要为不同年龄段的人准备批判性思维课程，同时还要读很多书籍和论文，还有一些生活上的目标，比如安抚家中的调皮可爱猫。此时，我们可以按轻重缓急，将目标分为四类：重要且紧急、重要但不紧急、不重要但紧急、不重要也不紧急。通常，重要且紧急的事情要先做，重要但不紧急的事情要有计划地做，不重要但紧急的事情最好请别人替你做，不重要也不紧急的事情最好少做。

（3）**获取算子时陷入路径依赖**：在获取并列举算子时，人们经常依赖自己最惯用的渠道，难以拓展新渠道。这就是路径依赖。有人喜欢从自己的记忆库里获取算子，有人则习惯"遇事不决问爸妈"，还有人擅长用搜索引擎寻找网友们的看法。通常，获取算子的最佳渠道是请教问题所在领域的专家。不过，这会引入一些新问题：如何区分真正的专家和假冒的专家？到哪里去找真正的专家？

（4）**执行算子时混淆了目的和手段**：在执行算子的过程中，有时人们误把算子当作目标。例如，小明的目标是过上幸福的人生，他采取的算子之一是努力工作以获取足够的金钱。然而，小明在忙于执行这一算子时，误以为赚钱本身就是目标，把所有心思都用来赚更多的钱，忽略了终身学习和成长、保持身体健康、维持与亲友的良好关系。由于混淆了目标和算子，小明没有执行其他有助于实现幸福人生的算子。最终，小明也许有了很多钱，但活得并不幸福。

练习

请使用"现目获选优"五步模型，试着解决一个你正面临的问题。

本章的关键词

事实论证（argument of fact）：以事实类命题为结论的论证。论证思路有两步：第一步，确定语词的定义，最好是操作性定义；第二步，搜集更多信息，用数据来支撑结论。

价值论证（argument of value）：以价值类命题为结论的论证。论证思路有两步：第一步，协商出大家都认可的价值标准；第二步，应用价值标准，判断价值类命题是否可以接受。

政策论证（argument of policy）：以政策类命题为结论的论证。论证思路有两步：第一步，搜集更多信息，说明 X 方案的成本较低，收益较高；第二步，搜集更多信息，说明与其他方案相比，X 方案更合适。

问题（problem）：现状与目标状态之间的差异，又叫问题空间（problem space）。

问题解决（problem solving）：将现状与目标状态之间的差异缩减为零的过程，也可以看作在问题空间中寻找解题路径的过程，或获取并执行合适算子的过程。

算子（operator）：是任何能缩小现状与目标状态之间差异的措施、方法、手段、工具。

目标（goal）：在问题解决中，目标状态是一个令人满意的状态。人们通常同时有多个不同优先级的目标。要想成功解决问题，必须设立比较精确且优先级很明确的目标。

现状（current situation）：在问题解决中，现状通常是一个令人不够满意的状态。要想成功解决问题，必须对现状有正确的认识和描述。

路径依赖（path dependence）：是人们解决问题时的一种倾向，即依赖自己最惯用的渠道来获取算子，不去学习新的获取算子的方法，这有时会导致问题无法被良好地解决。

如何"假装"很擅长思考

批判性思维常用话术

英文中有"fake it until you make it"的说法，直译是"假装你能做到，直到你真的能做到"。接下来，我想和你分享一些批判性思维的常用话术。如果你反复使用这些话术，"假装"自己已经能很熟练地运用它们，也许有一天，你真的能运用自如。

我们已经学到了一些口诀式的话术，如"无分析，不评价""义事值政""没有认知就没有情行""现目获选优"。本书附录中还有一个重要的口诀是"解析评控"。除此之外，我们还要掌握一些问题式的话术，即十大批判性思维问题。

（1）你的结论是什么？（你的核心思想是什么？你的最终主张是什么？你希望我相信什么？你希望我怎么做？）

（2）你的结论是什么类型的结论？（你想要表达语义类命题、事实类命题、价值类命题还是政策类命题？你是不是想同时表达多种类型的命题？）

（3）你支持结论的理由是什么？（你是怎么知道的？你为什么

这么想？你有哪些支持这个结论的证据？）

（4）支持你的结论所必需的预设是什么？（要让你的结论成立，必须假定什么前提条件？你的隐含理由是什么？）

（5）你说的这个词是什么意思？（你说的这个概念是指什么东西？你的这个说法的操作性定义是什么？）

（6）你判断价值的标准是什么？（你为什么认为 X 很有价值？你为什么认为 X 比 Y 更有价值？）

（7）你考虑到的成本和收益分别有多大？（你觉得这样做的机会成本是什么？你认为这样做会带来什么好的结果？还有没有其他成本很低、收益很高的做法？）

（8）所有这些理由都是真的吗？（这些理由都是可以接受的吗？这些理由都是值得相信的吗？还需要其他理由来支持这些理由吗？）

（9）你的论证是否可能存在某种逻辑谬误？（这是人身攻击吗？这是因人纳言吗？这是诉诸伪权威吗？这是滑坡谬误吗？这是以偏概全吗？这是不当类比吗？这是……）

（10）有没有不支持你的结论的好的论证？（有没有好的理由和证据反对你的结论？和你意见不同的人是怎么说的？）

这十个问题有不同的表述方式，括号内外的问法，实际上表达的是同样的意思。如果你养成了追问这些问题的习惯，你就建立起了批判性思维的习惯。

有人会说，如果我们追问别人这些问题，别人会觉得我们咄咄逼人。这会让别人不开心，甚至会惹人生气。我们该怎么办呢？

其实，我们主要的追问对象不是别人，而是自己。问自己时，我们不用特意讲礼貌。而问别人时，我相信，只要你的语气是礼貌的，你的目的是善意的，你不是为了"怼"别人而追问，那么别人会欢迎你的追问。你的追问不是为了让别人丢面子，而是以合作的态度，试图和他一起弄明白什么才是更值得相信和更值得去做的事情。

如果你觉得这十个问题太长，不容易记住，那么也可以只记住"义理可能性"这个口诀。这个口诀来自我国香港哲学教授李天命提出的"思考三式"。

（1）厘清式：X是什么意思？（意义、意思）

（2）辩理式：X有什么理据？（道理、理由、理据）

（3）开拓式：关于X，还有什么值得考虑的可能性？（逻辑可能性、经验可能性、技术可能性）

批判性思维者至少要养成追问这三个问题的习惯。随着知识和经验的增长，我们将不仅能问出好的问题，还能给出好的答案。

第二部分
PART 2

形式逻辑

掌握逻辑学这门语言

直言命题
古典逻辑语的基础

战国时期的公孙龙曾提出过"白马非马"的说法，大意如下：

1. 白马不是黑马。

2. 黑马是马。

因此，3. 白马不是马。

即使没学过逻辑语，我们也能凭借直觉判断出这个论证不太对，但很难说清楚它错在哪里。学了逻辑语后，我们就会发现，其实"是"这个字在 1 和 2 中的意思不同："白马不是黑马"中的"是"表示等于，即白马不等于黑马；"黑马是马"中的"是"表示属于，即黑马属于马。

再看下面这个更复杂的推理：

1. 蛇是有毒的。

2. 你在吃蛇。

因此，3. 你在吃有毒的东西。

这个推理表面上有道理。不过，学会了逻辑语，掌握了将自然语言翻译成古典逻辑语的技巧，你就会发现它不太靠谱。

首先，"蛇是有毒的"这句话缺少量词。根据常识，它并不是指"所有蛇都是有毒的"，而是指"有些蛇是有毒的"。因此，就算你在吃蛇，你也可能在吃无毒蛇。

更重要的是，1中的"有毒的"并不是指蛇作为食品是有毒的，而是指蛇作为一种捕食者能够分泌致猎物死亡的物质。所以，"蛇是有毒的"这句话应该翻译成"有些蛇能产生致猎物死亡的有毒物质"。而"你在吃有毒的东西"则是说"你在吃会导致你的生理结构和功能严重受损的东西"。两个"有毒"表达的不是同一个意思。

在白马非马的案例中，不同句子中的"是"表达的不是同一个意思，因此推理不能成立。在毒蛇案例中，不同句子中的"有毒的"表达的不是同一个意思，因此推理也不能成立。

在第5章中，我们的核心任务是学会将日常生活中的语句，翻译成古典逻辑中更严谨的语句。就像学英语要学会"中翻英"，学逻辑语也要学会"中翻逻"。学会了"中翻逻"，我们就能把模糊、笼统、有歧义的自然语言，转换成清晰、精确、无歧义的逻辑语言。掌握了逻辑语言，我们就能更好地判断推理和论证是否成立。

5.1 个例与范畴：为什么不同的枕头都叫"枕头"

这几日我起床后第一件事，就是拍拍我可爱的小枕头。这枕头销量特高，我趁着第二件半价的优惠，直接就买了两个，左拥右抱，想枕哪个就枕哪个。一日睡迷糊了，脑中突然蹦出一个奇怪的问题：为何这两个枕头都叫枕头？

虽然这两个枕头长得几乎一模一样，不过，它们毕竟是两个不同的东西。既然它们是不同的东西，为何又都有同一个称呼，都叫"枕头"呢？

不仅如此，我的手和你的手显然不是同一只手，却也都叫"手"；我书桌上的几本书，封面颜色不一样，厚度不一样，标题不一样，内容也不一样，却都可以叫"书"。

这可真奇妙啊。同一个称呼，居然能指代这么多不同的东西，这是为什么呢？

这是因为，这一个又一个具体的东西，它们属于同一个抽象的范畴。

我们把具体的东西叫作个例。这些个例占据了一定时空位置，我们可以掰着手指头数它们的数量，例如，一个人，两个人，三个人……一个枕头，两个枕头，三个枕头……一本书，两本书，三本书……

理论上，我们可以给所有个例都取个独一无二的名字，这样就能体现出它们在世界上独一无二的地位。每个人都有自己的名字，即便名字重复了，身份证号也不会重复。许多物件没有自己的名字，但它们也有独特的识别代码。两部全新的手机，即便外观一模一样，它们的 IMEI 码也是不一样的。我床上的那两个枕头，由于主人的偏爱，有了属于自己的独特名字——一个叫"枕头 N642"，另一个叫"枕头 T439"。

依据个例所共有的某些特征或属性，人们会将个例划分成不同的类别或范畴。不同于个例，范畴是看不见也摸不着的。你能握住一个杯子个例，但你能握住杯子这个范畴吗？你能撕毁一张具体的纸币，但你能撕毁纸币这个范畴吗？

　　范畴是抽象的东西，它们并不占据一定的时空位置。一个又一个具体的枕头个例，包括我的两个枕头，包括沙发上的两个靠枕，以及人类制造出来的其他所有枕头，都属于"枕头"这个抽象的范畴。我可以靠在一个枕头个例上，可以紧紧抱住一个枕头个例，但我没有办法用身体触碰枕头这个范畴。我们能用身体去触碰个例，但我们只能用思想去触碰范畴。

　　日常生活中，有时很难区分我们谈论的是范畴还是个例。当我们说"大熊猫是数量稀少的动物"时，我们是在说大熊猫这个范畴，因为单独一个大熊猫个例称不上"数量稀少"。当我们说"大熊猫是黑白相间的动物"时，我们则是在说那些具体的大熊猫个例。

　　不过，这并不要紧。大多数时候，我们并不会混淆范畴与个例，因为人类很擅长为个例寻找它所属的范畴。

　　刚出生的小婴儿一睁开眼睛，就开始认识陌生的大千世界中形形色色的个例。婴儿在蹒跚学步之前，就已经知道不少分类标准，能透过具体的个例，看出个例所属的抽象范畴。婴儿虽然无法像成年人一样把分类的标准说得明明白白，但也能做到下面两件了不起的事：

（1）拿到一个具体个例，可以看出它属于哪些范畴，从而认识这个个例的特征。拿到一块巧克力，能知道它属于食物、固体、黑色的东西、甜的东西、会在口中融化的东西等这么多不同的范畴。

（2）拿到多个具体个例，能对比它们所属的范畴，从而了解这些个例之间的关系。拿到一块黑巧克力和一块白巧克力，会发现它们都属于食物、固体、甜的东西和会在口中融化的东西等范畴，但黑巧克力属于黑色东西的范畴，白巧克力则不属于。在具体情况下，也许黑巧克力还属于"妈妈给我的东西""我喜欢吃的东西"等范畴，白巧克力则属于"爸爸给我的东西""我不喜欢吃的东西"等范畴。

人人都能靠常识来判断某一个例属于哪些范畴，或者某一范畴里有哪些个例。如果你对哲学史稍有了解，就会知道苏格拉底、柏拉图、亚里士多德、弗雷格这四个具体的个例，都属于哲学家范畴。其中，亚里士多德和弗雷格又属于逻辑学家范畴。这四个个例也都属于男人范畴和已死去的人范畴。

如果你熟悉集合论，也可以将范畴与个例称为集合与元素。

练　习

　　请指出以下哪些指范畴，哪些指个例。

（1）苹果；

（2）砸中牛顿脑袋的那个苹果；

（3）教育机构；

（4）清华大学；

（5）时间段；

（6）李老师出生的那天；

（7）地区；

（8）青藏高原；

（9）数学家；

（10）罗素。

5.2 范畴之间的关系：枕头和武器

人与人之间有各种各样的关系。有人如可爱的小奶猫，依偎在对方的怀抱里；有人则像温柔的主人，将宠物抱在怀里。有些人之间相对独立，双方部分交融，你中有我，我中有你，但又不至于融为一体。还有些人则形同陌路，就像两条平行线，永无交集。

范畴就像人一样，彼此之间有特定的关系，以下就是最常见的三种关系。

◉ （1）全部包含或被包含的关系

当甲范畴中所有的个例，同时也是乙范畴的个例时，我们就说乙包含甲，或甲被乙包含。这样的例子非常多：小奶猫范畴被猫范畴包含；人范畴包含厨师范畴；我的枕头范畴被我的财物范畴包含；手机范畴包含智能手机范畴；鸟范畴被脊椎动物范畴包含……你还能举出更多例子吗？

如果以有这种全部包含或被包含关系的范畴为模特，画一幅逼真的素描，那么大概如图 5-1 所示。

还有一种罕见的特殊情况，那就是甲范畴完全包含乙范畴，乙范畴同时也完全包含甲范畴。此时，这两个范畴完全重叠在了一起。它们难分彼此，两者看起来似乎就是同一个范畴。毕竟，所有甲范畴里的个例都是乙范畴里的个例，而所有乙范畴里的个例也都是甲范畴里的个例。这两个范畴如图 5-2 所示。

这种范畴关系有时被称为"同一关系"，其实就是说两个范畴彼此都存在全部包含的关系。如果仔细找，也能找到不少这种关系的例子，例如，等边三角形范畴和等角三角形范畴，单身汉范畴和未婚男子范畴，偶数范畴和能被 2 整除的数范畴……在具体语境中，这类案例更多一些。例如，某个班级里的所有男生身高都超过 1.65 米，而女生身高都不超过 1.65 米。那么"该班男生"与"该班身高超过 1.65 米的学生"这两个范畴就存在同一关系。

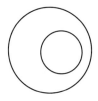

图5-1 全部包含或被包含关系　　图5-2 完全重叠的两个范畴

◉（2）部分包含的关系

当甲范畴中的部分个例同时也是乙范畴的个例时，我们就说甲范畴部分包含乙范畴，或者说乙范畴部分包含甲范畴。也可以通俗地说，甲和乙两个范畴部分重叠。这样的例子也不少：枕头范畴和武器范畴部分重叠，小奶猫范畴和母猫范畴部分重叠，哲学家范畴和诗人范畴部分重叠，司机范畴和男人范畴部分重叠，玻璃制品范畴和水杯范畴部分重叠，鸟范畴和会飞动物的范畴部分重叠……你还能举出更多例子吗？

以两个部分重叠的范畴为模特绘制出来的素描，大概如图 5-3 所示。

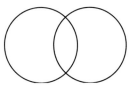

图5-3 部分包含关系

◉（3）全部不包含的关系

　　当两个范畴没有任何共同个例时，这两个范畴就是互斥的，它们之间的关系是全部不包含的关系。也可以说，甲和乙这两个范畴完全不重叠。甲不包含乙的任何部分，乙也不包含甲的任何部分。这样的例子也很多：人类范畴和用鳃呼吸的动物范畴，键盘范畴和电脑显示器范畴，筷子范畴和房屋范畴，细菌范畴和病毒范畴，女朋友范畴和男朋友范畴……你还能举出更多例子吗？

　　这种范畴关系如图 5-4 所示。

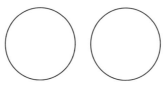

图5-4　全部不包含关系

　　你可能会好奇，既然范畴之间存在关系，那么个例之间会存在关系吗？

　　在是否包含彼此这个层面上，范畴之间的关系比较多样，个例之间的关系则很单调，只有以下两种。

　　（1）等于：亚里士多德和《工具论》的作者；珠穆朗玛峰和地球最高峰；北京和中国首都……

　　（2）不等于：亚里士多德和《哈姆雷特》的作者；黄河和世界最长河流；北京和法国首都……

　　所以，你可不要搞混范畴和个例。范畴之间至少存在三种不同的关系，而个例之间的关系只有"等于"和"不等于"两种。

你可能也发现了，如果两个个例之间的关系是等于，那么严格来说，它们不是两个不同的个例，而是同一个个例。

练　习

请指出以下每两个范畴之间存在什么关系。

（1）女人和飞行员；

（2）百事可乐和可口可乐；

（3）炸薯条和油炸食品；

（4）电影明星和说唱歌手；

（5）矩形和长方形；

（6）武侠小说与科幻小说；

（7）围裙与燃料；

（8）书籍和书桌；

（9）龙王和超能力者；

（10）耳机与电子产品。

5.3　直言命题："男人就没一个好东西"是什么意思

小美："男人就没一个好东西。"

小张："可别这么说。家家都有本难念的经，要知道，大多数夫妻都是床头吵架床尾和的。"

小美："但是，有些伤口一辈子都不会愈合。早知如此，当初就应该嫁给老李。老李可是个温柔的男人。"

小张："老李温柔？我不同意你的看法。"

你觉得，小美和小张的话说得对吗？要做出判断，我们就要看他们两个人说的话是否符合事实。

他们俩说的话，正是一个个直言命题。我们只需要知道什么是直言命题，有哪些不同类型的直言命题，再去调查一下事实情况，就知道他们说的直言命题是否符合事实了。

直言命题表述的事实，就是两个范畴之间究竟存在什么关系。

天下所有的直言命题，虽然"长相"千奇百怪，但身体里都栖息着四类同样的"灵魂"。换言之，所有直言命题都可以划归为四种抽象的形式，分别是：

全称肯定命题（A）：所有的 S 都是 P，符号化为 SAP。例如，所有本书读者都是人。

全称否定命题（E）：所有的 S 都不是 P，符号化为 SEP。例如，所有本书读者都不是吸血鬼。

特称肯定命题（I）：有的 S 是 P，符号化为 SIP。例如，有的本书读者是大美女。

特称否定命题（O）：有的 S 不是 P，符号化为 SOP。例如，有的本书读者不是魔法少女。

仔细观察 SAP、SEP、SIP、SOP 这四种直言命题，不难发现它们的组成规律。每一种命题都有四个部分：量词＋主词＋联词＋谓词。

量词只有"所有"和"有的"两种，"所有"又叫全称量词，"有的"则叫特称量词。

联词只有"是"和"不是"两种，"是"表示肯定，"不是"表示否定。

所以，A、E、I、O 分别表示全称肯定、全称否定、特称肯定、特称否定。这几个元音字母源于拉丁语，我们不深究，只要记住这些约定俗成的缩写即可。

主词和谓词又叫主项和谓项，简称为 S 和 P。S 和 P 实际上有无数种，因为世界上的范畴有无数种，而 S 和 P 都指某个范畴。就像数学里用 x 和 y 表示未知数一样，古典逻辑里用 S 和 P 表示某个范畴。

不难看出，**这四类直言命题都表示某个范畴 S 是否全部或部分包含于另一个范畴 P 当中。**

比起枯燥的文字，图像能更直观地呈现直言命题的样貌。英国的逻辑学家约翰·韦恩（John Venn）发明了一种简洁优雅的图来描绘直言命题：用一个圈表示一个范畴，涂黑表示某部分不存在，"×"这个小叉表示在那个部分至少存在一个个例。用这种方法，A、E、I、O 命题如图 5-5 所示。

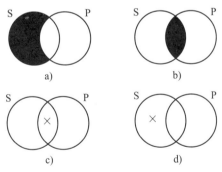

图5-5　A、E、I、O命题的韦恩图

在日常生活中，我们不会死板地用"所有（或有的）S 是（或不是）P"这种形式来表达直言命题。这样既低效，也不优雅，还会损失一些信息。如果将小美和小张的对话中的直言命题以标准形式表达，就会变成：

- "男人就没一个好东西"翻译成"所有男人都不是好东西"。
- "家家都有本难念的经"翻译成"所有家都是有本难念的经的家"。
- "大多数夫妻都是床头吵架床尾和的"翻译成"有的夫妻是床头吵架床尾和的夫妻"。
- "有些伤口是一辈子都不会愈合的"翻译成"有的伤口不是会愈合的伤口"。

如果一个命题的主词 S 是个例而不是范畴，那么我们把该命题叫作单称命题。在古典逻辑中，我们将单称命题的主词当作特殊的范畴，即只有一个个例的范畴，然后将其处理成全称命题：

- "老李可是个温柔的男人"翻译成"所有等同于老李的人是温柔的男人"。
- "我不同意你的看法"翻译成"所有等同于我的人不是同意你的看法的人"。

你可能会问，我们为什么要学会将自然语言翻译成标准的直言命题呢？当我们听到"男人就没一个好东西"这句话时，我们不是自然而然地理解了它的意思吗？

并非如此。面对同一个逻辑公式，例如"所有男人都不是好东西"，用公式表达就是 SEP，全世界的人都只会有同一种理解，即所有男人范畴中的个例都不属于好东西这个范畴，这两个范畴之间没有交集。但是，当我们说"男人就没一个好东西"时，不同的人可能会有不同的理解。有人理解的意思是"所有男人都不是好东西"，有人理解的意思是"很多男人都不是好东西"，有人理解的意思是"所有男人都是坏东西"，还有人理解的意思是"很多男人是坏东西"。这可是四个完全不同的直言命题。

自然语言并不是一种精确的语言。当我们用自然语言来表达我们的思想时，可能会引发误解；当我们用逻辑语言来表达思想时，误解便不可能产生。只要我们学会将自然语言翻译成逻辑语言，我们就能以一种精确、严谨、不会产生误解的逻辑语言，与他人交流我们的思想。同时，我们也能精确地理解别人想要用自然语言传递给我们的思想究竟是什么。

翻译并非易如反掌，接下来我们便深入学习，该如何将通俗的日常说法转化为专业的逻辑用语。

复习

（1）直言命题由四个部分组成：量词+主词+联词+谓词。

（2）直言命题有四种类型：全称肯定（A）、全称否定（E）、特称肯定（I）、特称否定（O）。

（3）四类直言命题表示某个范畴 S 是否全部或部分包含于另一个范畴 P 当中。

（4）直言命题都可以用韦恩图来表示，韦恩图简单直观。

（5）单称命题的主词是个例而不是范畴，我们暂且将这类命题当作特殊的全称命题来对待。

5.4 "中翻逻"：将自然语言翻译成古典逻辑语言

在天下人眼里，逻辑都是一门陌生的"外语"。中国人要像学英语一样学逻辑，英国人则需像学汉语一样学逻辑。

　　学习逻辑学这门外语，自然要学会做翻译。学会了做翻译，我们就能用逻辑语精确地表达自己的想法，理解他人的意思，分析隐藏在语言背后的逻辑结构。

　　将自然语言翻译成直言命题的技巧，算是一种逻辑基本功。练习翻译，就如同练武要扎马步，练吉他要爬音阶。我们已经知道，所有直言命题都由四个部分组成：量词＋主词＋联词＋谓词。要想将汉语翻译成直言命题，就要从这四个部分入手。

◉ 量词与个例的数量

　　在自然语言里，表示个例数量的说法有很多，例如，52% 的人是男性，相当一部分抽烟者得了肺癌，绝大多数考生都没有通过这次考试，极少数宠物猫不会患尿道结石。

　　但在直言命题中，量词只有"所有"和"有的"这两个。表示数量的说法再多，也只能翻译成这两种。上面例子中的这些量词，全都要翻译成"有的"：有的人是男性；有的抽烟者得了肺癌；有的考生没有通过考试；有的宠物猫不会患尿道结石。

　　你可能会觉得，与原文相比，这些直言命题的信息量少了很多，表达的意思甚至有冲突。"绝大多数考生都没有通过这次考试"这句话的言外之意，是说这次考试太难或这批考生能力不强。而说"有的考生没有通过考试"，这种言外之意就不存在了。

　　而且，说"有的考生没有通过考试"，似乎是在暗示"有的考生通过了考试"。不过要注意，这个直言命题实际上并没有这种暗示。在直言命题中，"有的人不喜欢你"并没有暗示"有的人喜欢你"。"有的人不喜欢你"和"所有人都不喜欢你"是可以同时为真的，虽然这是个令人悲伤的事实。

古典逻辑中的直言命题的确有很多局限性。它还无法表述具体数量，例如"小明有4位梦中情人"和"这张光盘里有30部电影"，目前只能翻译成"有的人是小明的梦中情人"和"有的电影是这张光盘里的电影"。

在第10章学谓词逻辑时，我们会学到表示具体数量的方法。现在，不管是"有一半""大多数""极少数"还是"相当一部分"，只要表示范畴中的一部分但又不是全部个例，就都翻译成"有的"，只要表示范畴里的全部个例，就翻译成"所有"。

在翻译量词时，还需要注意汉语中的省略用语。例如"鸟会飞""英雄难过美人关""麻烦不会自行消失"这些句子里都没有量词，我们就要参考语境，根据说话人的意图，补全量词。按我的理解，我会将它们翻译成"有些鸟会飞""所有英雄都难过美人关""所有麻烦都不会自行消失"。如果你觉得应该用另一个量词，那也没关系，毕竟这些句子没有上下文，有自由理解的空间。

◉ 联词与动词

在直言命题里，联词只有"是"和"不是"。而在汉语里，很多句子既没有出现"是"，也没有出现"不是"，例如上文提到的"鸟会飞""英雄难过美人关""麻烦不会自行消失"。俗话说，有条件就上，没有条件，创造条件再上。在做翻译时，如果有联词，我们可以直接翻译；如果没有联词，就要创造联词再翻译。这几句话可以翻译成"有的鸟是会飞的东西""所有英雄都是难过美人关的东西""所有麻烦都不是会自行消失的东西"。

"东西"作为最模糊的代词，总是能在紧要关头派上用场。几乎任何形容词配上"东西"，都能变成范畴的名字。你如果觉得要在直言命题里加上"东西"二字才念得通顺，就大胆加上，这样基本不会出错。

◎ 主词和谓词

主词和谓词都表示范畴，严格来说，指代范畴的应该是名词。有时，S 和 P 就像银行里的柜员，我们一眼就知道它们叫什么名字；可有时候，S 和 P 就像深闺里的大小姐，哪能轻易就让人知道芳名？有时，连"东西"一词都救不了场。例如，在"你如果丢了钥匙就等着挨打"这句话中，主词和谓词都不太明确，我们该怎么办呢？

此时，就要请出另一个妙不可言的词，那就是"情况"。"情况"既可以指时间，也可以指地点，还可以指某种条件、现象和问题。上面的例子就翻译成"所有你丢了钥匙的情况都是你要等着挨打的情况"。同理，"猫咪发起火来可不是一盘小鱼干能安抚的"这句话，也可以加上"情况"一词，翻译成"所有猫咪发火的情况都不是一盘小鱼干能解决的情况"。

◎ 翻译与挖掘机驾驶艺术

将大象装进冰箱只需要三个步骤，将自然语言翻译成直言命题也只需要三个步骤。

第一步：找出主词 S 和谓词 P 究竟是哪两个范畴。如果它们不是范畴，可以考虑加上"东西"或"情况"等词，将其变成范畴。如果它们是个体，就将其变成"所有等同于该个体的东西"，形成只有一个个例的范畴。

第二步：考虑该用"有的"和"所有"这两个量词中的哪一个。一般情况下，只有全称量词才能省略不说。

第三步：考虑该用"是"和"不是"这两个联词中的哪一个。一般情况下，"不是"这个联词不能省略不说。

是不是只需严格遵照这"三板斧"，就能解决一切翻译问题呢？

翻译就像开挖掘机，刚起步时，按部就班就能顺风顺水，但遇到复杂的问题时，才发现这看似机械化的操作，其实有许多难以说明的微妙门道。这就是所谓的隐性知识。

要想学会开挖掘机，应该去实际操作挖掘机，而不是整天待在教室里学习挖掘机驾驶的理论知识。要想学会做翻译，也需要进行大量练习。接下来，我将展示一些翻译案例供你参考、借鉴和模仿，并为你提供一些翻译练习。你翻译得多了，自然就有了"语感"，或者说有了"逻辑直觉"，能凭感觉判断一句话该如何翻译，也能凭感觉判断某个翻译是否恰当。

- 诸葛亮是《出师表》的作者：所有等同于诸葛亮的人是《出师表》的作者。
- 智者千虑必有一失：所有智者都不是千虑不失的人。
- 蛇是爬行动物：所有蛇都是爬行动物。
- 蛇有毒：有些蛇是有毒的动物。
- 一部分有情人并不会终成眷属：有些有情人不是眷属（或有些两情相悦者不是夫妻关系）。
- 张三总挂着一副笑脸：所有张三出现的情况都是张三挂着笑脸的情况（或所有等同于张三的人都是总挂着一副笑脸的人）。

- 诸君之中必有人非等闲之辈：有些在场者不是等闲之辈。
- 大多数魔法少女都背负着拯救世界的使命：有的魔法少女是背负着拯救世界的使命的人。
- 不存在蓝色的天鹅：所有天鹅都不是蓝色的东西。
- 此心安处是吾乡：所有能让此心安定的地方都是我的家乡。
- 除非华佗转世，否则此子必死无疑：所有华佗不在场的情况都是此子必死无疑的情况。

练 习

请将下列句子翻译成直言命题：

（1）罗素是现代逻辑学的创始人。

（2）挖掘机驾驶是一门艺术。

（3）有的人真是不知好歹。

（4）那个地方的人个个美若天仙。

（5）诸位不是同道中人。

（6）有些电子游戏可不便宜。

（7）商品打折时就要多买一些。

（8）我不喜欢这块巧克力。

（9）有些人打着公正的旗号行不公正之事。

（10）道德上正确的行为就是能促进最大多数人的最大幸福的行为。

（11）大多数黄种人不需要用除臭剂。

（12）增加金钱收入并不总能提高幸福感。

（13）比尔·盖茨是世界上最富有的人。

（14）蓝鲸是世界上最大的动物。

（15）电视剧能让人学到不少东西。

（16）网上冲浪不需要买冲浪板。

（17）人们只能看到自己愿意看到的东西。

（18）独学而无友，则孤陋而寡闻。

（19）我们很难区分别人是在抬杠还是在合理质疑。

（20）人们不喜欢读太厚的书。

5.5　质、量和周延性：听懂古典逻辑的行话

行走江湖，遇上同道中人，自然要说上几句外行人听不懂的行话，以示同道身份。

逻辑学也有不少行话，有些行话已经渗入日常用语之中，但仍有一些不为大众了解。学过逻辑学的人，要知道这些行话，以便将来在"道上"认出彼此。

三个常用到的行话是"质""量"和"周延性"。前两个术语非常简单，是讲直言命题的性质，第三个术语相对难一点，是指主项和谓项在直言命题中的特征。

◉ 质

直言命题的质指肯定还是否定，由联词决定。如果联词是"是"，这个直言命题就是肯定命题。如果联词是"不是"，这个直言命题就是否定命题。

⊙ 量

直言命题的量指全称还是特称，由量词决定。如果量词是"所有"，这个直言命题就是全称命题。如果量词是"有的"，这个直言命题就是特称命题。

⊙ 周延性

除了量词和联词外，直言命题中还有主词（S）和谓词（P）。S 和 P 具体指代哪两个范畴，或许只有说话人和听话人知道，外人不一定知道。但我们这些外人可以通过一些技巧，知道 S 和 P 究竟指的是范畴里的全部个例还是部分个例。如果 S 或 P 指称了全部个例，我们就说那个 S 或 P 是周延的；如果 S 或 P 只指称部分个例，就说那个 S 或 P 是不周延的。

判断 S 和 P 是否周延的技巧也非常简单：

（1）全称命题的主词周延；

（2）否定命题的谓词周延。

如此一来，我们就能知道 A、E、I、O 这四类命题中的哪些 S 和 P 是周延的。

A：所有 S 都是 P（只有 S 周延）。在"所有懂逻辑的人都是聪明人"这句话中，我们谈论了每一个懂逻辑的人，但没有谈论每一个聪明人。所以，主词"懂逻辑的人"是周延的，而"聪明人"不周延。

E：所有 S 都不是 P（S 和 P 都周延）。在"所有懂逻辑的人都不是笨蛋"这句话中，我们既谈论了每一个懂逻辑的人，也必然要谈及每一个笨蛋。因为我们不能让"懂逻辑的人"范畴中的个例混入"笨蛋"范畴之中，所以要把每个笨蛋都检查一遍，看看其中是否有漏网的"懂逻辑之人"。所以，"笨蛋"这个谓词和"懂逻辑的人"这个主词都是周延的。

I： 有的 S 是 P（S 和 P 都不周延）。在"有的男人是笨蛋"这句话中，我们既没有谈论每一个男人，也不涉及对每一个笨蛋的判断，说明主词和谓词都不周延。

O： 有的 S 不是 P（只有 P 周延）。在"有的男人不是笨蛋"这句话中，我们虽然没有谈论每一个男人，但涉及了对所有笨蛋的判断。因为我们不能让所谈论的这些男人混入"笨蛋"范畴之中，所以得保证笨蛋的国度里不容这些男人踏足，保证每一个笨蛋个例都不和这些男人个例存在等于关系。所以，这句话里的"男人"不周延，但"笨蛋"周延。

目前你可能看不出"周延性"这个术语学来究竟有何用，除了向外行人卖弄，或者在睡不着时靠思考它来催眠，似乎就没什么好处了。不过，等我们在下一章学习了三段论，了解如何判断三段论是否有效时，"周延性"这个术语就大有用处了。

练 习

请指出下列直言命题的质和量分别是什么，它们的主项和谓项是否周延。

（1）所有知识都是得到辩护的真信念。

（2）有些知识不是得到辩护的真信念。

（3）有些知识是难以言述的内隐知识。

（4）所有知识都不是虚假的。

5.6　存在性预设：孙悟空能打败伏地魔吗

人与人之间的交谈，并不总限于实际存在的情况。如果没有一些梦幻般的想法，那么做人和做咸鱼又有什么区别呢？我们会谈论自己未来的配偶，哪怕目前的自己还单身。我们会谈论数百年后的世界，虽然那时可能早已没有了我。我们也会谈论"历史上的如果"，但至少在我们生存的这个可能世界中，历史并没有"如果"。

人类的想象力并不以现实为界。我们会谈论魔法少女，会谈论四海龙王，会谈论变形金刚，会谈论奥林匹斯诸神。我们会说，所有独眼巨人都只有一只眼睛，所有变形金刚都不是天下无敌的，有的魔法师会将敌人变成绵羊，有的魔法少女不能暂停时间。

问题来了：这些说法究竟是不是真的呢？如果我们谈论的这些东西根本就不存在，那么这些直言命题究竟是真是假呢？如果我们讨论的范畴里连一个个例都没有，那么当我们说这些范畴部分或全部被另一些范畴包含时，我们的说法究竟合不合理呢？

这个问题有两种回答方式，分别是传统的亚里士多德观点和现代的布尔观点。后者得名自乔治·布尔（George Boole），一位杰出的英国逻辑学家。

我们从古老的亚里士多德观点说起，这种观点认为，我们在使用 A、E、I、O 这四种直言命题时，需要假定其主词和谓词都是存在的。当独眼巨人不存在时，"所有的独眼巨人都只有一只眼睛"和"有的独眼巨人有一只眼睛"这些说法都是假的。换言之，在亚里士多德观点中，所有直言命题的主词和谓词都有存在性预设，即假设了这些直言命题中的范畴都是有个例的。

但这会导致奇怪的情况出现。有时候，我们根据常识，会觉得某些谈论不存在的东西的命题也是真的。"所有的独眼巨人都只有一只眼睛"这句话听起来就没问题。我们也会说"所有考试作弊的学生都会被开除""所有非法入境者都会被驱逐出境"，即使不存在"考试作弊者"和"非法入境者"，我们也觉得这两句话是对的。甚至，说这两句话的目的就是希望这两个范畴没有个例。

　　此时，采纳布尔观点更合理。布尔观点认为，全称命题没有存在性预设，并不预设其主词和谓词所代表的范畴有个例。即使范畴中不存在个例，A 和 E 这两种全称命题依然可能为真。而 I 和 O 这两种特称命题，的确有存在性预设。

　　特称命题有存在性预设，这是布尔观点和亚里士多德观点的共识。从韦恩图来看，特称命题的存在性预设非常明显。"有的魔法少女不能暂停时间"这个 O 命题，表示至少有一个个例存在于魔法少女范畴中，并且该个例存在于"能暂停时间者"这个范畴之外。如果不存在任何魔法少女个例，那么这个韦恩图（图 5-6）所呈现的情况，就不是真的。

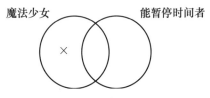

图5-6　一个O命题的韦恩图

　　布尔观点虽好，但我们之后会发现，亚里士多德观点能让直言命题拥有更强的推理能力。有没有什么办法能让我们既合理地谈论不存在的东西，又拥有更强的直言命题推理能力呢？有没有什么技巧能让我们既享受亚里士多德观点的便利，又规避其缺陷呢？

　　论域这个概念能帮助我们。论域就是所谈论的对象构成的宇宙。在判断直言命题的真假时，一定要参照论域里的情况。一般情况下，默认的论域就是现实世界，所以我们一般参考现实世界的情况来判断直言命题的真假。

　　有时候，虚构世界或可能世界也能构成论域。如果提前说好要讨论《西游记》，我们就可以说"就连齐天大圣也收拾不了某些妖怪"，也可以说"所有的土地公都害怕孙悟空"。此时，我们并不由于现实世界中没有妖怪、土地公或齐天大圣而断定这些命题是假的，因为此时的论域不是现实世界，而是《西游记》中的虚构世界。同理，我们也可以合理地说"贾宝玉爱林黛玉""所有的暗夜精灵都可以遁入阴影之中""有的坦格利安家族成员能支配龙"，只要将论域设定为《红楼梦》《魔兽世界》或《冰与火之歌》里的世界即可。

　　只是要注意，在一场对话中，要保持论域一致，不能随便在论域之间切换。我们不能说，斗战胜佛能战胜一切妖魔鬼怪，伏地魔是妖魔鬼怪，所以斗战胜佛能战胜伏地魔。《西游记》和《哈利·波特》这两个论域之间，暂时没有建立"外交"关系，角色还不能随意串门。

复　习

（1）亚里士多德观点认为，所有直言命题的主词和谓词都有存在性预设，即提前假设了直言命题所谈论的范畴都至少存在一个个例。

（2）布尔观点认为，特称命题有存在性预设，全称命题没有存在性预设。这种观点是现代主流观点。

（3）如果想保留亚里士多德观点，同时又想谈论不存在的东西，那么可以将谈论的论域不设定为现实世界，而设定为某个虚构世界或可能世界。此时要注意，在一场对话中，要保持判断直言命题真假的论域一致，不能在论域之间随意切换。

本章的关键词 ————————————————————

范畴（category）：一类东西，又叫类别（type）、集合（set）。

个例（token）：一个具体的东西，又叫元素（element）。

直言命题（categorical proposition）：直言命题描述范畴之间的包含关系。有四类直言命题，分别是全称肯定命题（所有的 S 都是 P）、全称否定命题（所有的 S 都不是 P）、特称肯定命题（有的 S 是 P）、特称否定命题（有的 S 不是 P）。它们分别简称为 A、E、I、O。

韦恩图（Venn diagram）：一种直观表示直言命题的图。

量词（quantifier）：古典逻辑中的量词有两个——"所有"和"有的"。前者被称为全称量词，后者被称为特称量词。

主词（subject term）：古典逻辑中，主词是一个范畴，用 S 代表。它又叫主项。

谓词（predicate term）：古典逻辑中，谓词是一个范畴，用 P 代表。它又叫谓项。

联词（copula）：古典逻辑中，联词有"是"和"不是"两种，

"是"表示肯定，"不是"表示否定。

东西（thing）：一个几乎可以指代任何事物的词，几乎任何形容词配上"东西"，都能变成范畴的名字。

情况（situation）：可以指时间，也可以指地点，还可以指某种条件、现象和问题。和"东西"类似，它与其他词搭配也能形成范畴的名字。

质（quality）：直言命题的质由联词决定，它指一个命题是肯定的还是否定的。

量（quantity）：直言命题的量由量词决定，它指一个命题是全称的还是特称的。

周延性（distribution）：全称命题的主词是周延的，否定命题的谓词是周延的。

存在性预设（existential import）：如果我们说一个语词时默认这个语词的外延是存在的，那么这个语词有存在性预设。

亚里士多德观点（Aristotle Standpoint）：认为我们谈论直言命题时，所有主词和谓词都有存在性预设。

布尔观点（Boole Standpoint）：认为我们谈论直言命题时，只有特称命题的主词和谓词才有存在性预设。

论域（universe of discourse）：我们谈论的东西所构成的宇宙。一般默认论域是现实世界，有时论域会被设置为某个虚构的世界。

[第 6 章]
CHAPTER6

直言命题的推理
古典逻辑语应用

有一天，我在网上买了菜，因为疫情，送货员只能送到小区门口，放在一张桌子上，不能送货上门。当我出门去拿菜时，桌子上已经什么都没有了，我的菜被别人拿走了。经过一番周折，隔天，在警察的帮助下，我成功让那个拿走我的菜的人，将等价金额赔给了我。

民警协调时，那个人为了替自己辩解，说了这样的话："快递员给我打电话，说'你的东西都放在桌子上了'，所以我就把桌子上的东西都拿走了。"他的言下之意是，他不是故意要拿走我的菜，是送货员误导了他。

虽然民警劝我得到赔偿即可，不要起冲突，但我"职业病"发作，忍不住说："'你的东西都放在桌上'并不能推理出'放在桌上的都是你的东西'。"我的言下之意是，这是他的错，不是送货员的错。

不难看出，那个人之所以说那句话，有两种可能的原因：一种是他不懂逻辑推理，因而误拿我的东西，还理直气壮地把责任推给送货员，认为是送货员表述不清晰；另一种是他其实知道如何进行逻辑推理，但他装作不知道，想把责任推给送货员。

不管真实情况如何，这件事都告诉我们，知道如何根据一个直言命题推理出另一个直言命题，能让我们做出更合理的判断。能更好地理解送货员的话，他就不会误拿别人的菜；即使误拿了，被找上门时，也不会用这种不合理的推论当作辩解的借口。这样他便不会陷入"非蠢即坏"的两难境地。

知道如何根据两个直言命题推理出第三个直言命题，即知道如何使用三段论，也能帮助我们评价人们说的话是否有道理。例如，父亲给女儿提供了一些建议，然后说："我都是为你好，你该听我的。"

女儿听了这句话，立刻明白，父亲使用了一个省略三段论：

1. 所有为你好的人给出的建议都是你应该采纳的建议。（这是被父亲省略了的前提）

2. 我是为你好的人。（这是父亲没有省略的前提）

因此，3. 我给出的建议都是你应该采纳的建议。（这是父亲的结论）

"我都是为你好，你该听我的"这个论证听起来似乎有点道理，但在将省略三段论补充完整之后，女儿也许会发现，那个被省略的前提并不可信。"为你好的人"也有可能给出糟糕的、不应该被采纳的建议。由于前提1并不可信，虽然2是可信的，但3仍没有得到有力的支持，暂时也不够可信。

在这一章，我们的目标是掌握直言命题的推理，尤其是三段论。在上一章，我们学习了古典逻辑语中最基础的词汇。接下来，我们要学习如何应用古典逻辑语，来分析并评价人们说出的话是否合乎逻辑。

在论证逻辑部分，我们已经知道：一句话之所以是合理的、值得相信的、经得起推敲的，是因为它背后有一个好的论证支持着它。掌握了三段论这种论证方式后，我们就能：

（1）找出别人说的话或者自己脑中的某个想法背后的那个起支持作用的三段论。

（2）判断那个起支持作用的三段论是否可靠。

根据这两点，我们就能判断别人和自己的想法是否合乎逻辑，是否可信。此时，我们就算具备了逻辑学的思维方式，学会了独立思考。

6.1 换质和换位：如何举一反一

让我们先来看一段相声。

甲：我大爷就因为不会说话，老得罪人。有一次，我大爷请客，请了四位客人到饭馆吃饭。约好下午六点钟，到了五点半，来了三位，有一位没来。这位还是主客。

乙：那就再等会儿，实在不来就吃吧！

甲：我大爷可是个守信用的人，一直等到六点半，那位还没有来。他急啦，自言自语地说："该来的不来

嘛！"其中有一位就不痛快了："怎么，该来的不
来？那我是不该来的呀！我走吧！"他下楼走啦！

乙：得，气走了一位。

甲：我大爷在楼上左等右等，那位主客还是没有来。我
大爷又说："唉！走了一位，真是，不该走的走啦！"
另外一位嘀咕了："什么？不该走的走啦，没诚意
请我呀！我也走吧！"他也走啦。

乙：有这么说话的吗？又气走了一位。

甲：就剩下一位啦！这位跟我大爷是老交情，他对我大
爷说："兄弟，你以后说话可要注意点，哪有这么
说话的呀！'不该走的走啦'，那人家还不走？以后
可别这么说啦！"我大爷解释说："大哥，我没有说
他俩呀！""哦！说我呀，我也走吧！"

乙：全气走了！

客人为何会被气走呢？因为客人很擅长推理。客人从大爷说
的话中，推理出了一些言外之意，而正是这些言外之意冒犯了客
人，把客人气走了。

客人们使用的推理方式，就是根据一个直言命题，推理出另
一个直言命题，也叫直言命题的变形。变形可是有讲究的，不能
想怎么变就怎么变，而要按照特定的规则来变。恰当的变形，可
以让直言命题在变化前后保持同一个意思，也就是保持同样的真
值：真的变形以后还是真的，假的变形以后还是假的。

恰当的变形规则有两种，分别是换位和换质，它们还可以结
合起来用，即换质位。

◉ 换位

换位规则非常简单，就是将直言命题中的 S 和 P 调换位置。

A 不能换位："所有 S 都是 P"不能变成"所有的 P 都是 S"。所有的猫都是动物，并不意味着所有的动物都是猫。

E 可以换位："所有 S 都不是 P"换位变成"所有的 P 都不是 S"。所有的猫都不是植物，也就意味着所有的植物都不是猫。

I 可以换位："有的 S 是 P"换位变成"有的 P 是 S"。有的猫很可爱，也就意味着有的很可爱的东西是猫。

O 不能换位："有的 S 不是 P"不能变成"有的 P 不是 S"。有的人不是聪明人，并不意味着有的聪明人不是人。

◉ 换质

顾名思义，换质规则就是要改变直言命题的质，将肯定命题变成否定命题，将否定命题变成肯定命题。为了保持真值恒定，同时还要将谓词 P 变成非 P。

所谓非 P，就是由 P 范畴之外的个例所组成的范畴。假设 3 个 P 范畴分别表示赢家、男人或聪明人，那么相应的非 P 是什么呢？非 P 并不是输家、女人或笨蛋，而是非赢家、非男人和非聪明人。因为锅碗瓢盆和柴米油盐等东西都在 P 范畴之外，它们都是非 P。虽然它们不是输家、女人或笨蛋，但它们都是非赢家、非男人和非聪明人。

A、E、I、O四种直言命题都可以换质。

A："所有S都是P"变成"所有的S都不是非P"。"所有的赢家都很开心"变成"所有的赢家都不是不开心"。

E："所有S都不是P"变成"所有的S都是非P"。"所有的男人都不是好东西"变成"所有的男人都是不好的东西"。

I："有的S是P"变成"有的S不是非P"。"有的猫是可爱的"变成"有的猫不是不可爱的"。

O："有的S不是P"变成"有的S是非P"。"有的女人不是可爱的"变成"有的女人是不可爱的"。

◉ 换质位

换质位就是既换质又换位。

A命题"所有S都是P"换质变成"所有的S都不是非P"，再换位变成"所有非P都不是S"。"所有人都有心脏"可以变成"所有没有心脏的东西都不是人。"

E和I不能换质位。

O命题"有的S不是P"换质变成"有的S是非P"，再换位变成"有的非P是S"。"有的猫不可爱"可以变成"有的不可爱的东西是猫"。

了解这些变形规则后，我们就能明白客人们为何都被气走了。

"该来的不来嘛"翻译成标准的直言命题，就是"所有该来的是没有来的"。这话换质位以后，变成"所有并非没有来的都不是该来的"，消除双重否定，变成"所有来的都不是该来的"，再换质，变成"所有来的都是不该来的"，简称"来的是不该来的"。领会到这个意思，到场的一位客人便走了。

"不该走的走啦"翻译成标准的直言命题，就是"所有不该走的是走了的"。先将其换质位，变成"所有没有走的都不是不该走的"，再换质，变成"所有没有走的都是并非不该走的"，消除双重否定，变成"所有没有走的都是该走的"，简称"没走的是该走的"。领会到这个意思，还留下的一位客人走了。

这位大爷的确不会说话，他的问题出在哪里呢？问题出在不该省略量词。大爷心里想说的是特称命题"有些该来的是没有来的"和"有些不该走的是走了的"，而不是全称命题"所有该来的是没有来的"和"所有不该走的是走了的"。特称命题就不会推理出那些足以将朋友气走的结论。

> **练 习**
>
> 请你绘制变形前和变形后的直言命题的韦恩图，并思考：为什么 A、E、I、O 这四种直言命题都可以换质？为什么 E 和 I 可以换位，而 A 和 O 不能换位？为什么 A 和 O 可以换质位，而 E 和 I 不能换质位？

6.2 对当方阵：如何举一反三

我们不仅可以对命题进行变形，还可以根据 A、E、I、O 这四个命题中的任意一个是真或是假，推知另外几个是真还是假。不信请看下面四个命题。

A：所有魔法少女都是日本人。

E：所有魔法少女都不是日本人。

I：有的魔法少女是日本人。

O：有的魔法少女不是日本人。

假设 A 是真的，我们就知道 E 和 O 是假的，而 I 是真的。假设 A 是假的，我们就知道 O 是真的，而 E 和 I 的真假不能确定。

假设 E 是真的，我们就知道 I 和 A 是假的，而 O 是真的。假设 E 是假的，我们就知道 I 是真的，而 A 和 O 的真假不能确定。

假设 I 是真的，我们就知道 E 是假的，而 A 和 O 的真假不确定。假设 I 是假的，我们就知道 E 和 O 是真的，A 则是假的。

假设 O 是真的，我们就知道 A 是假的，而 E 和 I 的真假不确定。假设 O 是假的，我们就知道 A 和 I 是真的，而 E 是假的。

上面这些话看似很绕，但如果你将"魔法少女""日本人"以及量词和联词带入命题中，就会发现我所言非虚。这是因为同主词和谓词的直言命题之间，存在着密切的关系。

对当方阵正是描述这些关系的绝佳工具，它是古典逻辑最重要的两项研究成果之一，如图 6-1 所示。

矛盾关系：方阵中的两条粗对角线表示矛盾关系。矛盾关系非常明确，它要求两个命题的真值恰好相反，必然是一真一假。知道其中一个的真值，必然也就知道了另一个的真值。

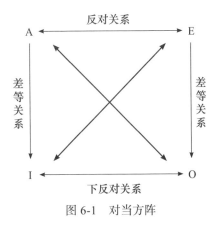

图 6-1　对当方阵

反对关系：方阵上面的横线表示 A 和 E 之间存在反对关
　　　　　系。反对关系要求两个命题不能同时为真。其
　　　　　中一个为真，则另一个必然为假。但知道其中
　　　　　一个为假，推不出结论。反对关系又叫上反对
　　　　　关系。

下反对关系：方阵下面的横线表示 I 和 O 之间存在下反对关
　　　　　系。下反对关系要求两个命题不能同时为假。
　　　　　其中一个为假，则另一个必然为真。但知道其
　　　　　中一个为真，推不出结论。可以用"上不同真，
　　　　　下不同假"这个口诀来辅助记忆反对关系和下
　　　　　反对关系。

差等关系：方阵左右两边的竖线表示差等关系。差等关系
　　　　　是说，上真则下真，下假则上假。如果上假或下
　　　　　真，则不能推出什么结论。记忆口诀是"上真则
　　　　　下真，下假则上假。"

　　眼尖的读者应该发现了，在对当方阵的图中，矛盾关系用较粗的线表示，其他三种关系则用较细的线。这种差异说明了什么呢？绘图者想说明，矛盾关系比其他三种关系更加坚实。无论是布尔观点还是亚里士多德观点，都承认矛盾关系，但布尔观点不承认另外三种关系。如果按照布尔观点画对当方阵，就只能画两条对角线，上下左右四条边都不复存在了。

　　上一章提到，在推理和论证的过程中，亚里士多德观点比布尔观点有更多可操作的空间。现在你就可以看出，如果采取亚里士多德观点，我们就能"举一反三"，从一个命题的真假，得知很多其他信息。而如果采取布尔观点，我们就只能"举一反一"，从一个命题的真假，得知少量其他信息。

　　另外，考虑对当方阵时，我们不能简单地将单称命题看作全称命题。如果将单称命题放入对当方阵里，就会得到一个很复杂的六角形（如图 6-2）。至于其中每条线代表什么关系，你可以自行分析。

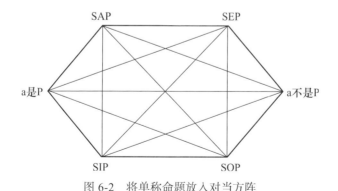

图 6-2　将单称命题放入对当方阵

练 习

（1）甲乙丙丁四人都对"人是不是自私的"这个议题有自己的看法。
请问他们会如何看待另外三人的看法？

甲：所有人都是自私的。

乙：所有人都不是自私的。

丙：有的人是自私的。

丁：有的人不是自私的。

（2）甲乙丙丁四人对"学习逻辑学知识是否能提升智慧"这个议题有
自己的看法。请问他们会如何看待另外三人的看法？

甲：我不认为"学习所有逻辑学知识都能提升人的智慧"。

乙：我不认为"学习所有逻辑学知识都不能提升人的智慧"。

丙：我不认为"学习有的逻辑学知识能提升人的智慧"。

丁：我不认为"学习有的逻辑学知识不能提升人的智慧"。

6.3 三段论：如何知二推一

- 所有听妈妈话的人都是乖宝宝。所有乖宝宝都不是有创
新精神的人。因此，所有听妈妈话的人都不是有创新精
神的人。

- 所有罗马人都是狼的传人。所有狼的传人都是哺乳动物。
因此，所有罗马人都是哺乳动物。

- 所有乐于助人者都是值得赞许的人。有些盗版商贩是乐于
助人者。因此，有些盗版商贩是值得赞许的人。

- 有些热爱学习的人难以分辨信息的真伪。所有难以分辨信息真伪的人都不是聪明人。因此，有些热爱学习的人不是聪明人。

以上都是三段论。三段论是由三个直言命题构成的推理，其中两个命题是前提，另一个命题是结论。

在日常生活中，三段论无处不在。我们只要掌握了三段论，消化了这个古典逻辑中最实用的智慧果实，就能判断日常生活中的许多推理是否成立。

我们先来看看三段论的结构。机智的你应该已经发现，虽然三段论由 3 个直言命题构成，理论上能包含 6 个不同的范畴，但实际上三段论中只有 3 个范畴。如果将这 3 个范畴称为甲、乙和丙，那么三段论的两个前提一个描述甲和乙的关系，另一个描述甲和丙的关系，而结论则在判断乙和丙的关系。甲作为桥梁，将乙和丙联系了起来。

甲、乙、丙的说法不是世界通用的。为了和全世界人民共享三段论的魅力，我们得学一些世界通用的符号。我们用 S 代表结论的主词，用 P 代表结论的谓词，而将结论中没有出现但两个前提中都出现了的词（也就是联系 S 和 P 的桥梁）称为中项或中词，用 M 来代表。

三段论有两个前提，我们将包含结论中的谓词的前提称为大前提，将包含结论中的主词的前提称为小前提。以标准方式呈现三段论时，我们总是先说大前提，再说小前提，最后说结论。但人们时常不以标准方式呈现三段论，所以我们不能认为第一个出现的前提就是大前提，第二个出现的就是小前提，而要根据结论的主词和谓词来做出判断。

　　以本节开头的第一个例句为例，其结论是"所有听妈妈话的
人都不是有创新精神的人"，谓词是"有创新精神的人"，主词是
"听妈妈话的人"。两个前提中，"所有乖宝宝都不是有创新精神
的人"含有谓词，所以是大前提；"所有听妈妈话的人都是乖宝
宝"含有主词，所以是小前提。中项是两个前提中都有而结论中
没有的"乖宝宝"。

　　中项并不在结论中出现，但会在前提中出现两次，于是可能
有四种不同的出现位置，如图 6-3 所示。

	第1格	第2格	第3格	第4格
大前提	M—P	P—M	M—P	P—M
小前提	S—M	S—M	M—S	M—S
结　论	S—P	S—P	S—P	S—P

图 6-3   三段论的四个格

　　这四种不同情况构成了三段论的四个格。其中，当中项作为
大前提的主词和小前提的谓词时，我们称之为第 1 格。另外三格
不如第 1 格常用，所以记不住也没关系，你只需记住三段论有四
个格，并且记住第 1 格是什么样的。

　　本节开头的 4 个例句虽然都是第 1 格的三段论，但结论都是
不同的，前提的量与质也不完全一样。三段论中每个直言命题都
有可能是 A、E、I、O 中的任意一种。对于例句，可以看出，例

句1是从全称否定和全称肯定推出全称否定，也就是从 MEP（所有的 M 都不是 P）和 SAM（所有的 S 都是 M）推出 SEP（所有的 S 都不是 P）。例句2是从 MAP 和 SAM 推出 SAP，例句3是从 MAP 和 SIM 推出 SIP，例句4是从 MEP 和 SIM 推出 SOP。四个例句分别可以简称为 EAE-1、AAA-1、AII-1 和 EIO-1。它们是三段论第1格的4种不同的式。

问题来了，三段论一共有多少种可能的式？简单计算一下。大前提可能有4种，小前提可能有4种，结论也可能有4种，组合起来就有 4×4×4 种可能性，也就是64种可能性。同时，三段论还有四个不同的格，每一格都有64种可能性，所以总计有256种可能性。

三段论有256种可能的式。我们可以用简便方式标明每一种可能的式，III-3 就是第3格且每个命题都是 I 的三段论，也就是从 MIP 和 MIS 推出 SIP。OAE-4 就是第4格且大前提、小前提和结论分别为 O、A、E 的三段论，也就是从 POM 和 MAS 推出 SEP 的三段论。

将三段论区分成256种可能的式，究竟有什么用呢？除了向外行人科普这些冷知识之外，没什么特别的用处。如果一定要说有什么用，那就是让我们知道，这256种可能的式中绝大多数都是无效的，最多只有24个是有效的。

例如，无论在哪一格，所有的 III 式都是无效的。从"有些植物有香味"和"有些玫瑰是植物"并不能推出"有些玫瑰有香味"。虽然这三个命题都是真的，但这个三段论本身是无效的。

你可能会问，既然这个 III-1 三段论的两个前提都是真的，结论也是真的，凭什么说它是无效的呢？所谓无效，是说论证的形式不能保证从真前提得出真结论。有效的论证形式不要求前提为真，但要求在前提为真时，结论也必然为真。换言之，就是前提必然推出结论。

从"所有人都永生不死"和"所有玫瑰花都是人"可以有效地推出"所有玫瑰花都永生不死"。虽然这三个命题事实上都是假的，但这个论证是有效的，因为如果它的前提都是真的，它的结论就必然是真的。所有 AAA-1 三段论都是有效的，哪怕其前提和结论事实上都是假的。

练　习

请指出下列三段论中，哪句话是大前提，哪句话是小前提，中项是什么。如何用简便方式标明每个三段论属于 256 种可能的式中的哪一种？

（1）有些土豪是慈善家。有些慈善家是沽名钓誉者。因此，所有土豪都是沽名钓誉者。

（2）有些键盘侠是流氓。所有流氓都不是正人君子。因此，有些正人君子不是键盘侠。

（3）有些"粉丝"是"脑残粉"。有些"粉丝"是"黑粉"。因此，有些"脑残粉"是"黑粉"。

（4）古尔丹是虚拟角色。所有虚拟角色都不能突破次元壁。因此，古尔丹不能突破次元壁。

（5）有些游戏玩家不在游戏里花钱。有些职业选手不在游戏里花钱。因此，有些游戏玩家不是职业选手。

（6）有些考生是"佛系"考生。所有"佛系"考生都是差生。因此，所有考生都不是差生。

（7）所有精灵都没有长耳朵。有些精灵不是长生种。因此，有些长耳朵者不是长生种。

（8）有些魔法少女擅长跳舞。所有不擅长唱歌的人都是魔法少女。因此，有些擅长跳舞的人不擅长唱歌。

6.4 三段论的有效性：似是而非的推论

光知道三段论的长相还不够，我们还需要学会"鉴宝"，学会判断哪些三段论是有效的，哪些是无效的。

人们最容易误以为一个前提和结论都为真的三段论就是有效的，例如："所有人都是不会飞的。所有会飞的动物都有翅膀。因此，所有人都是没有翅膀的。"这个三段论表面看来挺合理，但实际上是无效的，因为它的形式无法保证从真前提必然得出真结论。我们可以用这个推理形式来从真前提推理出假结论："所有男人都不是女人。所有女人都是有心脏的。因此，所有男人都是没有心脏的。"

为了识破他人似是而非的论证，也为了避免自己给出无效的论证，我们要学会判断三段论的有效性。在这里，我向你推荐四种方法。

◎（1）死记硬背

三段论一共有256个式，其中大部分都是无效的，所以只需记住少数有效的即可。下面这 24 个式就是有效的三段论。

第 1 格：AAA-1、AII-1、EAE-1、EIO-1、（AAI-1）、（EAO-1）。

第 2 格：AEE-2、EAE-2、EIO-2、AOO-2、（AEO-2）、（EAO-2）。

第 3 格：AII-3、EIO-3、IAI-3、OAO-3、（AAI-3）、（EAO-3）。

第 4 格：AEE-4、EIO-4、IAI-4、（AAI-4）、（EAO-4）、（AEO-4）。

布尔观点只认可 15 个有效式，不认可括号里的 9 个。不过，不管是 15 个还是 24 个，完全记住并不困难。至少，你应该记住第 1 格不带括号的那 4 个式，因为它们最常用。

◉（2）靠规则

不瞒你说，我从未记住过这 24 个有效式。每当需要知道它们有哪些时，我要么翻翻书，要么拿出手机上网搜索一下。通常情况下，我会依靠规则来判断任意一个三段论是否有效。只要真正理解下面几条规则，就能知其所以然，知道为何某个三段论有效或无效。

- 中项至少周延一次。如果中项一次都不周延，它就无法起到桥梁的作用将 S 和 P 联系起来。试想，如果 S 和 M 的一部分有联系，而 P 和 M 的另一部分有联系，就不能保证 S 和 P 有联系。

- 结论中周延的词，在前提中也必须要周延。我们如果在结论中对 S 或 P 的全部个例都做出了判断，那么至少在前提中也要对 S 或 P 的全部个例做出判断。反过来说，前提中不周延的词不能在结论中周延，因为结论不能比前提包含更大的信息量。换言之，在有效的论证中，结论不能比前提更强。

- 否定结论的数量和否定前提的数量等同。这就意味着，两个否定前提推不出结论。两个肯定前提不会推出否定结论，只能推出肯定结论。如果结论是否定的，那么一定有且只有一个前提是否定的。如果有且只有一个前提是否定的，那么结论也一定是否定的。

- （布尔观点）以两个全称命题作为前提，推不出特称命题的结论。在布尔看来，全称命题没有存在性预设，而特称命题有。前提中没有的东西，结论中不能有，结论中有的东西，前提中必然也要有。结论不能比前提更强。

如果采用亚里士多德观点，那么根据前三条规则足以判断三段论是否有效。凡是不符合这些规则中任意一条的三段论，就是无效的。如果采用布尔观点，那么只需要在亚里士多德观点的基础上再加上第四条规则即可。

◎ （3）画图

如果你既不想死记硬背，又难以掌握三段论的规则，那么还可以根据韦恩图来直观判断三段论的有效性（如见图6-4）。

这张图讲的是EIO-1的有效性。图中有三个互相重叠的圆。按照习惯，左下的圆表示S，右下的圆表示P，上面的圆表示M。

EIO-1就是从"所有的M都不是P"和"有些S是M"推

出"有些 S 不是 P"。既然所有的 M 都不是 P，我们就把 M 和 P
相互重叠的部分涂黑，表示这里不存在任何东西。既然有些 S 是
M，我们就在 S 和 M 互相重叠的地方画上一个小叉。然后再来看
结论，"有些 S 不是 P"在图上表示出来了吗？表示出来了：的确
有一部分小叉区域存在于 S 圈内，但不存在于 P 圈内。

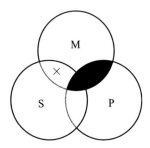

图 6-4 EIO-1 三段论的韦恩图

所以，EIO-1 是有效的三段论。当我们把它的两个前提都画
出来时，结论也就自动表现出来了。

图 6-5 展示了 24 个三段论有效式的韦恩图分别长什么样。画
韦恩图可以遵循以下步骤。

（1）对于任何一个三段论，先画上三个互相重叠的圆圈，左
　　　下表示 S，右下表示 P，上面表示 M。

（2）将表示 S 与 M 以及 P 与 M 的关系的两个前提，在图中
　　　表示出来。A 和 E 都是涂黑，不过涂黑的地方不一样；
　　　I 和 O 则是画小叉，不过画小叉的地方也不一样。如果
　　　不确定该把小叉画在哪里，就画在与第三个圆圈的边界
　　　线上即可。

（3）如果结论中 S 和 P 的关系在图上体现出来了，那么三段

论就是有效的；如果没有体现出来，那么三段论就是无
效的。

（4）如果采取亚里士多德观点，就要多执行一个步骤：每个
圆圈都分割成了4个部分，如果其中3个部分都涂黑
了，就给没涂黑的部分画上带圈的小叉（参见图6-5）。
此时，如果结论体现出来了，就说明该三段论有效（例
如 AAI-1），否则就说明无效。

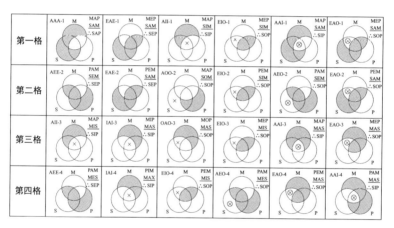

图 6-5　24 个三段论有效式的韦恩图

◉（4）靠直觉

很抱歉，当我说自己通常使用规则来判断三段论是否有效
时，我其实骗了你。大部分情况下，我不是靠规则来判断，也不
是靠画图，而是靠直觉。

大多数人都拥有做出逻辑推论的直觉。哪怕没有学过直言
命题的换质和换位规则，我们也能从"该来的不来"推出"来

的是不该来的"，还能从"不该走的走了"推出"没走的是该走的"。

只是，直觉并不能保证做出正确的推论。有时，直觉甚至会引导我们做出错误的判断，例如，"有些植物有香味"和"有些玫瑰是植物"这两个前提，可能让人误推出"有些玫瑰有香味"这个结论。不过，经过不断练习，我们能够提升直觉的正确率。

练 习

请使用你喜欢的方式判定下列三段论是否有效：

（1）所有魔法少女都拥有魔力。有的"宅女"是魔法少女。因此，有的"宅女"拥有魔力。

（2）有些辩论选手不是演员。所有演员都会演戏。因此，有些辩论选手会演戏。

（3）所有可爱的都是正义的。所有熊孩子都不是可爱的。因此，所有熊孩子都不是正义的。

（4）所有政治家都是骗子。所有骗子都不是好人。因此，有些政治家不是好人。

（5）有些花生是食物。有些食物是很难吃的。因此，有些花生是很难吃的。

（6）所有的猫都会喵喵叫。有些人会喵喵叫。所以，有些人是猫。

（7）所有会喵喵叫的动物都是猫。有些人会喵喵叫。所以，有些人是猫。

（8）所有的猪都认为应该先杀驴。你也认为应该先杀驴。所以，你是猪。

（9）所有女神都是高冷的。有些高冷的人是假装不好接近的人。因此，有些假装不好接近的人是女神。

（10）苏格拉底喜欢美少女。魔法少女是美少女。因此，苏格拉底喜欢魔法少女。

6.5 假冒三段论和省略三段论：三段论也会"化妆"

或许只有刚刚读过形式逻辑教材的人，才会严格按照三段论的标准形式说话。我们这些"风度翩翩、文采飞扬、才华横溢、舌灿莲花"之人，在使用三段论时，自然要知晓变通之法。

日常生活中的三段论看起来与教科书上的三段论完全不同。书上的三段论像素颜者，而日常生活中的三段论更像浓妆艳抹的男女。有时妆化得太浓，别人都不认识了；有时甚至可以化妆成别人，达到以假乱真的效果。

我们已经见过了许多素颜三段论，现在就让我们来欣赏化好妆后的三段论（以及化妆成三段论的假冒三段论）。

◉ 假冒三段论

有些看似三段论的论证，其实不是三段论，例如：

• 世界一流大学有很多所。清华大学是世界一流大学。因此，清华大学有很多所。

- 鲁迅的作品不是一天能读完的。《论辩的魂灵》是鲁迅的作品。因此,《论辩的魂灵》不是一天能读完的。
- 大熊猫数量稀少。圆圆是大熊猫。因此，圆圆数量稀少。
- 微软公司的员工男多女少。小明是微软公司的员工。因此，小明男多女少。

以上四个论证，看起来都是 AAA-1 有效三段论，前提好像也都是真的，但结论却无法被接受。这是为什么呢？因为这四个三段论的中项并不是同一个词：大前提里的中项指的是范畴，小前提里的中项指的则是个例。

"大熊猫数量稀少"里的大熊猫，指整个大熊猫物种；而"圆圆是大熊猫"里的大熊猫，只是指大熊猫中的一个个体。"微软公司的员工"作为一个范畴，它可以"男多女少"；但作为个体的"微软公司的员工"，比如小明，则不可能有"男多女少"这样的特征。

换言之，这几个三段论虽然看起来只有三个主词和谓词，但实际上有四个词。这就是所谓的四词谬误。三段论只能有 M、S 和 P 这三个词，M 要当 S 和 P 的桥梁。如果多出来一个词，这桥梁就建不起来了。

◉ 省略三段论

一寸光阴一寸金，寸金难买寸光阴。时间这么宝贵，人们在说话时自然会想要节省时间，少说些不必要的话。我们在使用三段论时，偶尔也会省略掉大前提、小前提或结论。

省略大前提：你是人，所以你会死。

省略小前提：人都会死，所以你会死。

省略结论：人都会死，你是人。

我们遇到省略三段论时，要想办法把它们补全，而且要补全成有效形式，不能刻意将别人说的话理解成无效的论证。

偶尔，我们也会遇到省略两个命题的三段论。例如，熊孩子张三弄坏了李四的玩具，该玩具售价 5000 元。张三的母亲见状，便说："他还是个孩子！"然后拒不赔偿。

张三的母亲想说的可能是："所有孩子都是犯错后应该被原谅的人。张三还是个孩子。因此，张三是犯错后应该被原谅的人。"也可能是："所有孩子弄坏他人的玩具后都不用赔偿。张三还是个孩子。因此，张三弄坏他人的玩具后不用赔偿。"

总之，由于信息不充足，我们只能猜测，张三母亲的结论大概是"无须赔偿""无须责怪"或"理应原谅"，小前提是"张三还是个孩子"，大前提并不确定，但很可能要表达"孩子免罪"的意思。

你还可以看出，张三的母亲之所以选择使用省略三段论，可能不是为了节省时间，而是为了把听起来不合理的前提隐藏起来。换言之，人们使用省略三段论，可能是为了掩人耳目，将不合理的前提悄无声息地埋入对方的脑中，达成强词夺理却又让人无从反驳的效果。

所以，我们在遇到省略三段论时，要十分小心谨慎。论证中没有说出来的话，往往是最具迷惑效果的话。例如，"我是你爸，所以你要听我的"这个省略三段论省略了大前提"每个人都要听从父亲的话"，之所以省略这个大前提，就是因为它是最可疑的前提。

省略三段论是非常重要的知识点。即使你把三段论的相关知识都忘记了，只要记住省略三段论，知道人们经常省略一些前提或结论，尤其是省略最可疑的前提或结论，也算学有所获了。

> **练 习**
>
> 请你在自己的生活中，寻找至少 3 个省略三段论，并将其补全。

本章的关键词 ────────────────────

换位（conversion）：一种根据一个直言命题推理出另一个直言命题的方法，即将 S 和 P 调换位置。E 和 I 可以换位，A 和 O 不能换位。

换质（obversion）：将肯定命题变成否定命题，将否定命题变成肯定命题，将谓词 P 变成非 P。A、E、I、O 都可以换质。

换质位（contraposition）：将换质和换位结合在一起使用。E 和 I 不能换质位，A 和 O 可以换质位。

对当方阵（square of opposition）：描述主词和谓词相同的直言命题之间的逻辑关系的图。

矛盾关系（contradiction）：存在矛盾关系的两个命题必然一真一假。A 和 O 互为矛盾关系，E 和 I 互为矛盾关系。

反对关系（contrariety）：存在反对关系的两个命题不能同时为真。A 和 E 互为反对关系。

下反对关系（subcontrariety）：存在下反对关系的两个命题不能同时为假。I 和 O 互为下反对关系。

差等关系（subalternation）：存在差等关系的两个命题，上真则下真，下假则上假。A 和 I 是差等关系，E 和 O 是差等关系。

三段论（syllogism）：以两个直言命题为前提推理出第三个直言命题的论证。

大前提（major premise）：三段论中包含结论中的谓词的前提。

小前提（minor premise）：三段论中包含结论中的主词的前提。

中项（middle term）：又叫中词，指在三段论的结论中没有出现的那个范畴。

有效性（validity）：一个论证是有效的，当且仅当如果它的前提都为真，那么结论也一定为真。

四词谬误（fallacy of four terms）：一个实际上包含了四个不同的范畴，但表面上看起来像三段论的假冒三段论，就犯了四词谬误。

省略三段论（enthymeme）：省略了前提或结论的三段论。有时 enthymeme 一词也泛指所有省略了前提或结论的论证，此时便译作省略论证。

命题

现代逻辑语的基本词汇

周文璞：《道德经》里的话都是微言大义的金句，如"信言不美，美言不信。善者不辩，辩者不善。知者不博，博者不知"。这些哲理值得我们细细品味。如果能钻研透《道德经》，就一定能得人生大智慧。

王蕴理：也许如此。但你怎么知道《道德经》里说的话是合理的呢？

周文璞：你这人就是喜欢唱反调，跟人抬杠。你就属于"辩者不善"。

王蕴理：但我这也可能是"信言不美"啊。

周文璞：你就会耍嘴皮子。你究竟想说什么？

王蕴理：我想说，要想知道什么话可信、什么话合理、什么话值得细细品味，应该学一点逻辑学，才能做出恰当的判断。你看，教逻辑学的吴先生来了，咱们向他请教一下。

吴先生：按逻辑学的话讲，所谓可信的话，就是真值为真的命题，也就是咱们俗话说的"真理"。要判断《道德经》里的话属不属于真理，我们必须先知道它们的真值条件，然后看真值条件是否被满足了。如果被满足了，那么这些话就算是真理，也就是真命题。如果没有被满足，那么这些话就不是真理，而是假命题。

周文璞：吴先生，何谓"真值条件"？

吴先生：真值条件就是一句话为真的条件。比如，"王蕴理的姐姐比他大三岁"这句话对应着一个条件。这个条件是很具体的，即确实有王蕴理这个人，他确实有个姐姐，他姐姐也确实比他大三岁。

王蕴理：我没有姐姐，自然也没有比我大三岁的姐姐。

吴先生：这就说明，那句话的真值条件没有被满足，那句话的真值就为假，属于假命题。

周文璞：那么《道德经》里的话的真值条件被满足了吗？

吴先生：严格来说，《道德经》里的许多话，并没有对应明确且具体的真值条件。我们也不知道在什么情况下它们为真，什么情况下它们为假。每一句话都有很多种可能的解读，有些解读版本可能是真的，有些解读版本可能是假的，还有些解读版本则是不知所云的。通常，我们喜欢用最可能为真的版本来解读。这叫作慈善原则，即以最大化句子的合理程度的版本来解读句子。

王蕴理：我明白了。在追求真理之前，我们得先追求真值条件。如果一句话没有明确的真值条件，那么我们可以秉持慈善原则，将其往合理的方向解读。如果完全不知道一句话该如何解读，那么我们也只能说它没有明确的真值条件了。

周文璞：如果一句话没有真值条件，那么这句话究竟可信还是不可信呢？

吴先生：没有明确真值条件的话，属于意义不明的话。物理学家沃尔夫冈·泡利对这样的话有个评语——连错误都算不上（not even wrong）。你可以将这样的话看作不可信的。哲学家哈利·法兰克福也写过一本小书，叫《论扯淡》，他对这种话有更犀利的批评。

周文璞：但是，《道德经》这种千古名篇，怎么可能是扯淡呢？

吴先生：我并不是说《道德经》里的句子是扯淡。只要给《道德经》中的句子制定明确的真值条件，它们就不算扯淡。不过，也许有些人对《道德经》中的句子的引用，正是法兰克福说的扯淡。这些人并不在乎真值条件，只想显得自己

有话可说。他们甚至更愿意说一些真值条件不
明确的话，这样就能避免自己说出的话被看作
假命题。

王蕴理：哎，我宁愿听一些假命题，也不愿意听这些连
假命题都算不上的扯淡。

以上对话，是我为了致敬我国台湾的逻辑学家殷海光的《逻辑新引》一书，借用了相同的虚构人名撰写成的。从三人的对话中，我们会发现，澄清"真值条件"往往比判断真假更重要。

在第 5 章和第 6 章中，我们已经了解了直言命题——一种描述范畴之间的包含关系的命题。在这一章，我们要正式开始学习现代逻辑语，从现代逻辑语的角度，审视语句、命题与真理之间的关系。

7.1 语句与命题：真理的载体

人类是地球上唯一会使用语句的动物。语句的用途多种多样，如交流思想、许下承诺、发出警告、提供建议、表达感情。语句能表达爱意、恨意和漠不关心，也能表述真理、谎言和不知所云的内容。

所有的命题都需要靠语句表达，但不是所有的语句都表达了命题。为了更好地理解语句和命题之间的关系，我们先来了解一些语句的分类。

陈述句：表示说话人想要与听者分享的一些信息，如"知识

是得到辩护的真信念""人类是地球上唯一会说话的动物""语句可以表述不知所云的内容"……

疑问句：表示说话人希望听者给自己提供某些信息，常以问号结尾，如"明天太阳还会照常升起，不是吗？""你愿意嫁给我吗？""4的立方是多少？""李白最著名的诗是哪首？"……

祈使句：表示说话人对听者发出的命令、请求、建议、愿望等，如"别迟到了""帮我拿杯水""这里不许吸烟""快趴下！""别杀我！""希望你送给我的礼物不要太贵重"……

感叹句：表达说话人的各种情绪，如愤怒、喜悦、痛苦、赞美、悲伤、焦虑等，如"甜豆腐脑真好吃啊！""小美真是个歹毒的人啊！""我要将你狠狠打一顿！""祖国就是我深爱的母亲""我这一生注定无可救药了！"……

述行句：说话人通过在恰当的情况下说出这些话来做某些事情，如"我宣布你们俩结为夫妻""我向你致歉""我认输""我接受你的道歉""你被开除了""我将这只猫命名为小白"……

从逻辑的角度看，将语句分为这五种类型不是很严谨，毕竟，"能帮我拿杯水吗"这个疑问句也可以表示请求，而很多感叹句和陈述句的唯一差别就是有没有感叹号而已。

逻辑学家关心的不是语句，而是命题。哲学家和逻辑学家们并没有就命题的本质达成共识。出于实用的目标，本书将命题看作一种抽象结构，它能被判断为真或为假。说话人常常借助命题来严肃地表示自己对某种事态做出的判断。也可以说，命题是真理的载体。

命题不同于语句。不同的语句可以表达同一个命题，例如，"约翰杀死了杰克""约翰把杰克杀死了""杰克被约翰杀死了"这几个不同的语句，表达了同一个命题。这个命题是关于某种事态的，它描述了约翰和杰克之间的关系，即前者杀死了后者。

并不是所有的语句都能表达命题。"你吃早饭了吗"这样的疑问句似乎就没有真假之分。不过，反问句也许可以看作语气强烈的陈述句，例如"李四难道不是个正人君子吗"相当于"李四是个正人君子"。这两个句子似乎也表达了同一个命题，即李四是正人君子范畴中的一个个例。

感叹句有真假之分吗？有些好像没有，毕竟它们只表达了说话人的情感而已，好像没有做出什么判断。但有些感叹句似乎有真假之分，如"逻辑学真的好无聊啊"这个句子，很多人都觉得是真的。

祈使句有真假之分吗？这个问题也有争议。"你应该孝敬父母"这个祈使句，被很多人认为是真的。它不仅表示了说话人对听者的愿望，好像还刻画了某种事实状态。但也有人觉得，祈使句只是表示说话人发出的命令，命令没有真假之分，只有被服从或没有被服从之分。

述行句有真假之分吗？一般认为，述行句只有"有效"和"无效"之分，并没有真假之分。例如"你被开除了"这句话，如果被某个普通人向另一个普通人说出来，那么它是无效的。而如果公司的管理者向受雇者说出这句话，那么这句话才算是有效的。同理，当你的确拥有一只猫的命名权时，"我将那只猫命名为小白"才是有效的。如果那只猫是别人的，那么你说出这句话，也无法起到命名效果。

陈述句相对而言是最没有争议的，人们认为，大部分陈述句都表达了命题，但也不一定。我们也可以用陈述句来开玩笑、说反话。"张三的秃头说明他是个聪明绝顶的人""拒绝帮女生修电脑的小明注定孤独一生"这些不太严肃认真的陈述句，似乎没有表达什么命题。但我们也可以说，这些不严肃认真的陈述句也算命题，只不过它们都是假命题。我们通过表达这些假命题来起到开玩笑的作用。

我们不能仅根据一个人的长相来判断这个人是好人还是坏人；同样，我们也不能仅根据一个句子的外表就断定它究竟有没有表达命题。我们需要仔细思考。况且，就算一个句子表达了命题，我们也要根据语境，根据上下文，根据说话人的意图，仔细思考那个句子究竟表达了什么命题。

假设"你真讨厌"这句话表达了命题，请问它表达了什么命题呢？有人会想，它表示被第二人称代词所指的那个人，有"令人讨厌"这个属性。或者说，"你"是"令人讨厌者"这一范畴中的个例。

问题来了，请问下面两个句子中的"你真讨厌"表达的是同一个命题吗？

- "你真讨厌！离我远点！"
- "你真讨厌！还不快点来吻我！"

我倾向于认为不是。不同的语句可能表达同一个命题，同一个语句也可能表达不同的命题。"你真讨厌"究竟表达什么命题，要看这句话所处的语境。

为了更精确地理解命题是什么，我们可以区分三个概念：

- 话语是说出或写出语句的行为。也就是说，话语是产出一段声波、一些纸上的墨迹或石头上的凹槽的过程。话语是物理层面的对象，是很具体的东西。

- 语句是被说出或写出的那个语句。一段声波、一串墨迹和一些石头上的凹槽这些明显不同的物理对象，有可能表达同一个语句。换言之，语句是符号层面的对象，它比话语更抽象。

- 命题是某些语句表达的对某种事态的判断。不是所有的语句都表达了命题，不同的语句可能表达同一个命题。与语句相比，命题是更抽象的东西。

练 习

请问下列语句表达了命题吗？如果表达了命题，那么表达了什么命题？如果没有表达命题，请给出你做出判断的理由。

（1）张三和李四是好朋友。

（2）嫖娼难道不是一种应该谴责的行为吗？

（3）孔子真伟大！

（4）真男人不会流眼泪。

（5）书里总爱写到喜出望外的傍晚。

（6）你熟记书本里每一句你最爱的真理，却说不出你爱我的原因。

（7）极端爱国主义是流氓最后的庇护所。

（8）全世界无产者，联合起来！

（9）哲学教人煞有介事地无所不谈，博得浅人敬佩。

（10）弗雷格是《概念文字》一书的作者。

7.2　命题之间的关系：一致是一种理智的美德

人与人之间有各种各样的关系：有的生死与共，与对方同甘共苦，永不言弃；有的互相包容，哪怕做不到不分彼此，至少也能以礼相待；有的则水火不容，一见面就要斗个你死我活，直到分出胜负。

命题就像人一样，彼此之间有特定的关系。我们知道两个或者多个命题之间存在什么关系之后，就能根据一个命题的真值，推理出另一个命题的真值。

我们一般将命题之间的关系分为以下四种。

（1）一致关系：两个命题有可能同时为真，也可以说这两个命题是相容的。一个命题为真，并不排斥另一个命题为真的可能性。一致关系的例子包括："李老师是个大帅哥"和"李老师喜欢睡懒觉"，"李老师不是大帅哥"和"2＋3＝5"，"李老师喜欢睡懒觉"和"秦始皇不喜欢睡懒觉"……

（2）等值关系：两个命题的真值必然是一样的，必然都是真的或都是假的。等值关系是一种特殊的一致关系。我们可以将两个有等值关系的命题，看作关于同一个事态的判断的不同说法。等值关系的例子包括："李老师是个大帅哥"和"李老师并非不是个大帅哥"，"如果李老师是个大帅哥，那么李老师一定会招人喜欢"和"如果李老师不招人喜欢，那么李老师一定不是个大帅哥"，"4+6=10"和"10-6=4"……

（3）对立关系：两个命题不可能同时为真，如果一个是真的，另一个就是假的，不过二者也可能同时为假。对立的命题必然是不一致的。你可以回忆一下对当方阵中上方那条横线。对立关系的例子包括："明天是星期天"和"明天是星期六"，"张三是女人"和"张三是男人"，"李老师是阿拉斯加雪橇犬"和"李老师是英国短毛猫"……

（4）矛盾关系：两个命题的真值恰好相反，必然是一真一假。矛盾的命题也必然是不一致的。你可以回忆一下对当方阵中的对角线。矛盾关系的例子包括："李老师是个大帅哥"和"李老师不是个大帅哥"，"明天是星期天"和"明天不是星期天"，"2+3 = 5"和"2+3 ≠ 5"……

一致关系很重要，它不只是一种命题之间的逻辑关系，还教会了我们做人的道理：一致是一种理智的美德。一个人不应该同时认同不一致的命题。如果有人这么做了，那么这个人非蠢即坏。蠢人可能看不出命题之间是不一致的；坏人则表里不一，虚伪得很，根本不在乎一致性。

在对话与论证中，一致关系至关重要。如果你能成功指出别人的思想、言论以及行为中存在的某种不一致，那么他就需要去改正。如果别人试图指出你的思想、言论以及行为中存在的某种不一致，那么你要么改正，要么就要证明其实并不存在不一致，是别人搞错了。

练 习

请判断下列几对命题之间是什么关系：

（1）"如果西红柿鸡蛋面涨价了，我就吃辣三丁炒饭"和"要么西红柿鸡蛋面不涨价，要么我就吃辣三丁炒饭"。

（2）"逻辑学很无聊"和"逻辑学很有趣"。

（3）"所有风流总被雨打风吹去"和"有些风流不会被雨打风吹去"。

（4）"金原子核里有 79 个质子"和"金原子核里有 80 个质子"。

（5）"房间里什么都没有"和"眼镜在枕头底下"。

（6）"鲁迅是周树人"和"鲁迅是周作人的哥哥"。

（7）"今天晚上的星星很少"和"今天晚上的心事很少"。

（8）"你是我心中最美丽的女孩"和"你不是我心中最美丽的女孩"。

（9）"江上舟摇"和"楼上帘招"。

（10）"充值就一定能成为会员"和"充值了但没有成为会员"。

7.3 分析与综合、先验与后验、必然与偶然：真理的三对翅膀

命题之间天生就是不一样的：有的命题是真的，但也有可能是假的；有的命题是假的，但也有可能是真的；有的命题是真的，而且不可能是假的；有的命题是假的，而且不可能是真的。

命题是真理的载体，不同类型的真理需要不同类型的载体。哲学家按照三个标准，将真理分成了六种类型，这三个标准分别是分析与综合的区分、先验与后验的区分、必然与偶然的区分。我喜欢将这三个区分称为真理的三对翅膀（如图 7-1 所示）。

图 7-1　真理的三对翅膀

图 7-1 描绘了一个很简约的"真理天使"，它头顶着光环，长着三对翅膀，比较符合"六翼天使"的形象。而且，这六翼长在身体的两侧，每一侧三个。其中的寓意是，分析、先验、必然在一边，而综合、后验、偶然在另一边，两边不会相交，不会错位。

有了这张"天使图"，你以后听到别人说出一个命题时，就可以想一想，那个命题归属于左边的翅膀还是右边的翅膀。例如，你听到别人说"真心爱你的人是必然不会骗你的"，想一想：这个命题是什么类型的命题？它是真的吗？

◉ 语义学区分：分析与综合

所谓分析命题，是指根据语词含义就能判断其真假的命题。

综合命题则是除分析命题之外的命题，它们不能仅凭语词含义判定真假。

这些分析命题都是真的："单身汉就是成年未婚男子""三角形有三个角""如果小明是小强的血缘哥哥，那么小强就是小明的血缘弟弟""听君一席话，如听一席话"……显然，对上述命题的否定都是假的。对于"单身汉不是成年未婚男子""三角形没有三个角"这样的命题，我们仅仅凭借语词含义就知道它们是假的。

日常生活中，综合命题更为多见。"苏格拉底是柏拉图的老师""北京是中国的首都""李老师是魔法少女"等命题都是综合命题，前两个是真的，第三个是假的。

◉ 认识论区分：先验与后验

所谓先验，是指先于经验观察。这里说的经验观察，是指用眼、耳、口、鼻等感觉器官观察这个世界。后验就是后于经验，即经过了感觉器官的观察。

先验的真（假）命题是我们不依靠感觉器官对世界的观察就知道它为真（假）的命题。后验的真（假）命题则是我们需要经过经验观察才能知道它为真（假）的命题。

"平面三角形内角和为 180 度"就是一个先验为真的命题，我们不需要用量角器去测量，仅仅在脑中推理，就可以得知这个命题是真的。之前提到的分析命题也都是先验的，我们仅凭语词含义就能判断它们是否为真，不需要做任何实地考察。

日常生活中，后验命题更为多见。例如，对于"此时此刻我的床上有 15 本书"这个命题，我们无法仅凭借推理就得知其真假，而要用眼睛去观察，去数一数我的床上究竟有几本书，才能知道这个命题是否为真。

◉ 形而上学区分：必然与偶然

从逻辑的角度看，必然与偶然的区分比前两种区分更为重要。

如今，我们依靠可能世界来理解必然与偶然。可能世界和科幻作品中的平行宇宙有一点相似。有些可能世界和我们这个宇宙一模一样：此时此刻也有一个和我长得一模一样的人正坐在电脑前打字。有些可能世界和我们这个世界有些许差异：那个坐在电脑前打字的人，虽然名字和人生经历与我相同，但性别刚好相反。这就是许多文艺作品中提到的"性别反转"。还有些可能世界则很冷清，没有形成太阳系和地球，也就没有人类文明，自然也就不存在我、你以及我们所在乎的一切了。

总之，可能世界的数量是无穷无尽的，每一种可能发生的事态，都可以被视作在某个可能世界中发生了。有的可能世界中，成吉思汗统一了全世界；有的可能世界中，恐龙至今还占领着地球；有的可能世界中，外星人和地球人已经展开星际贸易了。

我们生存的这个世界，只是无数可能世界之一，但由于它刚好是我们的住所，所以我们称之为现实世界。

有了"可能世界"这个概念，我们就可以理解真命题、假命题以及必然命题和偶然命题了。

在现实世界为真的命题，就是真命题。在现实世界为假的命题，就是假命题。

在有的可能世界中为真，在有的可能世界中为假的命题，就是偶然命题。现实世界也是可能世界之一。所以，偶然命题可能在现实世界中为真，也可能在现实世界中为假。我们在日常生活中面对的大部分命题都是偶然命题。"苏格拉底是柏拉图的老师"是个真命题，但它有可能是假的。"柏拉图不是亚里士多德的老师"是个假命题，但它也有可能是真的。

在所有可能世界中都为真的命题，就是必然真的命题。我们将在第 9 章学到的重言式就是必然真的命题，例如"李老师是魔法少女或者李老师不是魔法少女"。

在所有可能世界中都为假的命题，就是必然假的命题。我们将在第 9 章学到的矛盾式就是必然为假的命题，例如"李老师既是魔法少女又不是魔法少女"。

◉ 是否存在先验综合命题、后验必然命题和先验偶然命题

我们说综合、后验、偶然在一边，分析、先验、必然在另一边。那么，是否存在先验综合命题、后验必然命题和先验偶然命题呢？

康德认为，数学命题就是典型的先验综合命题。他认为"平面三角形"这个语词的含义中并不包含"内角和为 180 度"，所以"平面三角形的内角和为 180 度"并不是分析命题，而是综合命题；而它不依赖经验观察就为真，所以是先验的。不过，也有数学家和哲学家认为，"平面三角形"这个语词的含义其实已经隐含地包含了"内角和为 180 度"，所以数学命题其实是分析命题。

美国哲学家索尔·克里普克（Saul Kripke）则认为，后验必

然命题和先验偶然命题也是存在的。"氢原子核内有且只有 1 个质子"就是后验必然命题，物理学家是通过调查和研究才取得这一发现的，所以它是后验的；而这个命题也是必然为真的，因为如果原子核内的质子超过 1 个，这个原子就不是氢原子了。

克里普克用国际米原器来作为先验偶然命题的例子。在1889——1960 年期间，"一米长"是由一根铂铱合金的棒子来定义的。有了这个定义，"这根棒子有一米长"就成为一个先验的真理。不需要实际去测量，我们就知道这根棒子的确有一米长。如果这根棒子热胀冷缩了，那么一米的长度就会随着它的变化而变化。这个真理又是偶然的，因为当初制造者也可能把这根棒子制造得更短一点，这样一米长实际上就不是这么长了。

这些观点我们了解即可，不用深究。我们的目标仅仅是从逻辑的角度看命题为真的方式，所以，我们只需要牢记必然与偶然的区别即可。如果你分不清分析与综合、先验与后验，其实也没关系，可以假定分析、先验和必然是一回事，而综合、后验和偶然是另一回事，两边不存在交集。

◉ 三对不相交的翅膀的区分意味着什么

你可能会问，我们依照这三种不同标准，将真理区分出三对、六类，究竟有什么用呢？最大的用处在于帮助我们识别那些看起来为真，实际上不一定为真的命题。

举些例子：

- 所有男人都是潜在的强奸犯。

- 狗是人类的朋友。
- 学习逻辑学能让人变得更聪明。
- 如果他真的爱你，他就不会骗你。

以上命题都被某些人当作真的。那么，它们是必然为真，还是偶然为真呢？

一些人认为，它们必然是真的。但是，仔细想想，如果它们必然为真，它们就都是分析命题，也都是先验命题。这样一来，它们似乎又没什么重大的意义了。它们只不过表达了说出这些话的人，对于"男人""狗""逻辑学""真爱"这些符号的用法罢了。其他人对于这些符号，可能有不同的解读和用法。

如果认为它们是偶然为真，那么意味着什么呢？意味着它们是综合命题，是后验命题。我们需要通过实证研究，通过经验调查，才能知道它们是真还是假。例如，我们可以设计一项实验，先测量三批人的聪明程度，再让第一批人学习逻辑学，让第二批人不学习逻辑学而学习其他知识，让第三批人不学习任何知识。然后，我们再测量这三批人的聪明程度。如果第一批人比第二批人和第三批人都更聪明，那么我们似乎可以说，"学习逻辑学能让人变得更聪明"这个命题是真的。

同理，对于其他几个命题，我们都要进行实验或调查，根据研究所得的数据和证据，才能判断它们是真还是假，才能知道"男人""狗""真爱"的情况究竟如何。没有调查，就没有发言权。

在现实生活中，说出这些话的人往往不会同时给出数据和证据。说话人希望听到这些话的人，在没有证据的情况下，就无条件地相信这些话。换言之，说话人既想要享受必然真理的待遇，又不打算承担必然真理的代价。或者，说话人既想要让人信服其给出的后验真理，又不打算给出支持后验真理的数据和证据。

天底下哪来这么好的事情？但这样的情境却在现实中频频出现，听到这些话的人如果不知道"真理的三对翅膀"，就可能被别人迷惑。如果听话人不够聪明，说话人就可以用最荒谬的命题来骗得听话人团团转。

复习

（1）分析命题是根据语词含义就能判断真假的命题。综合命题是仅根据语词含义还不能判断真假的命题。

（2）先验命题是不根据经验观察就能判断真假的命题。后验命题是要根据经验观察才能判断真假的命题。

（3）必然命题是在所有可能世界中都为真或为假的命题。偶然命题是在某些可能世界中为真但在另一些可能世界中为假的命题。

（4）日常生活中，我们遇到的主要是偶然命题。它们在现实世界中要么是真的，要么是假的，但它们并不是必然真或必然假的。

（5）可将分析命题和先验命题看作必然的，将综合命题和后验命题看作偶然的。

（6）有的人既想要享受必然真理的待遇，又不打算承担必然真理的代价。有的人既打算让人信服其给出的后验真理，又不打算给出支持后验真理的数据和证据。这两种做法都是行不通的，骗不了聪明人。

7.4 区分不同种类的可能性："可能"到底是什么意思

有人说，"可能性"这个概念是没有意义的。一件事情要么发生，要么不发生，所以它发生的可能性是二分之一，不发生的可能性也是二分之一。

我问那个人："我明天可能去世，也可能不去世。那么我明天去世的可能性是不是二分之一？"那人回答我说："是的。"

我又问那个人："抛掷一个骰子，结果有可能是六点朝上，也可能不是六点朝上。那么六点朝上的可能性是不是二分之一？"那人回答我说："是的。"

从那以后，我发现，不理解"可能性"这个概念的人真不少。

人们想要表达某种可能性时，必然要说出一个命题。也可以说，命题意味着一种可能发生的事态。命题"李老师是男性"意味着一种可能性，命题"李老师不是男性"意味着另一种可能性。在这个现实世界中，前者是一个实现了的可能性；而在我做变性手术之前，后者是一种没有实现的可能性。

"李老师既是男性又不是男性""李老师跑步速度超越光速""李老师不喜欢玩手机游戏""李老师是唱歌达人"这四个命题都是没有实现的可能性，但它们是在不同意义上"没有实现"的。虽然它们都是假命题，但我们不能说它们的可能性都为零。

"可能性"不是一个精确的术语，但它却是所有人在进行逻辑思考时都离不开的概念。我们需要深入探究这个概念究竟意味着什么。现在，我们来了解不同种类的可能性。

◉ 逻辑可能性

逻辑学家最关心的是逻辑可能性。一个命题如果不包含或导致逻辑矛盾，就是逻辑上可能的，否则就是逻辑上不可能的。

"李老师生活在太阳表面"这个命题，并不会导致逻辑矛盾，所以它在逻辑上是可能的。而"同一时刻，李老师生活在太阳表面且李老师生活在地球表面"在逻辑上是不可能的。同一个人不可能在同一时刻出现在不同地方。

同理，"李老师的妈妈能活到 2000 岁"这个命题在逻辑上是可能的，而"李老师的妈妈没有儿子"在逻辑上是不可能的。

◉ 物理可能性

比起逻辑可能性，物理学家更关心物理可能性。一个命题如果不违反任何物理规律，就是物理上可能的，否则就是物理上不可能的。

"李老师生活在太阳表面"就是物理上不可能的。一个普通人无法在太阳表面存活。而"李老师能在水中憋气 5 分钟"则是物理上可能的，虽然我现在做不到。

逻辑上不可能的命题，在物理上也是不可能的。逻辑矛盾和物理规律是不兼容的。但逻辑上可能的命题，有些是物理上不可能的。"李老师生活在太阳表面"就是逻辑上有可能，但物理上不可能的。

◉ 认知可能性

认知可能性是指基于我们已经获取的信息来判断一个命题是

否可能。这种可能性会因人而异、因时而异。

假如你从未见过我,未曾获取关于我的绝大多数信息,那么对你来说,"李老师是女性"是认知上可能的。不过,你应该不会认为"李老师是熊猫"是认知上可能的。

假如你了解一些关于我的信息,但了解得不够全面和细致,那么对你来说,"李老师是女性"是认知上不可能的,因为你已经知道我是男性。而"李老师喜欢吃榴梿"则是认知上可能的。在你进一步得知我不喜欢吃榴梿后,这个命题对你来说就不再是认知上可能的了。

随着获取的信息的变化,认知可能性也在变化。

假设你刚刚拿到一枚硬币,你可能会想,抛掷这枚硬币,得到正面朝上是认知上可能的,得到反面朝上也是认知上可能的。而且这两种可能性,很可能是一样的,也就是说正面朝上的可能性是二分之一,反面朝上的可能性也是二分之一。

接下来,你耐心地抛掷了这枚硬币 1000 次。你发现,其中有 993 次都是正面朝上,只有 7 次是反面朝上。在你获取了这些信息后,你认为这枚硬币有些古怪,下次再抛掷这枚古怪的硬币,得到正面朝上的可能性也许是 99.3%,远远大于反面朝上的可能性。

突然,你拥有了超能力,能获知一切关于抛掷这枚硬币的信息,如硬币的重量、速度、角速度、空气阻力等,那么你可以计算出下次抛掷会正面朝上还是反面朝上。假设你计算出下次抛掷结果是正面朝上,那么对你这个掌握了极大量信息的人来说,反面朝上就是认知上不可能的;而正面朝上不仅是认知上可能的,还是认知上必然的。

在日常生活中，我们所说的概率、机会，一般就是指这种认知可能性。我们经常说一只股票上涨的概率、张三和李四结婚的概率、王五面试失败的概率……这些概率，其实就是我们根据已知信息推测出的认知可能性。

我们可以说认知可能性是一种合理的推测，也可以说它是一种主观的猜测。通常，掌握较多信息的人推测得比较准，掌握较少信息的人则猜得不太准。

◉ 实践可能性

"就算世界上没有其他男人了，我也不可能跟你在一起"这句话中的"不可能"是什么意义上的不可能呢？

不是逻辑上的不可能，两人谈恋爱不会带来什么逻辑上的矛盾。也不是物理上的不可能，没有什么物理规律会让两人不能谈恋爱。有可能是认知上的不可能，说话人根据对自己和对方的了解，推测自己不太可能和对方在一起。

不过，在描述日常生活中的实践选择，尤其是人类的选择和行为时，我们经常使用的是"实践上可能"和"实践上不可能"这种区别。说一个人做某件事在实践上是可能的，是指这个人有能力做那件事，而且也有意愿做那件事。说一个人做某件事在实践上是不可能的，是指这个人没有能力做那件事，或者这个人没有意愿做那件事。

"李老师能说英语"在实践上是可能的，但"李老师能说西班牙语"至少目前在实践上是不可能的。就算我有能力学西班牙语，我目前也不太想去学。"李老师能连续游泳 1000 米"目前在实践上也是不可能的，我的确有这个意愿，但目前还不具备这种游泳能力。

"这栋大楼能建到 300 米高"在实践上是可能的，但"这栋大楼能建到 3000 米高"目前在实践上是不太可能的。可能因为技术的限制，可能因为法律或政策的限制，还可能因为资金不够，或者没有人想要建这么高的楼。

许多人以为，两个人只要有成为伴侣的意愿，就有了实践上的可能成为伴侣。实际上，爱不仅是意愿，也是能力。光有意愿，没有能力，双方的亲密关系是无法长久维持的。

假设世界上只剩下我和一位女士，而我俩也的确互有好感，有在一起的意愿，这就意味着我俩在一起在实践上是可能的吗？并非如此，这还取决于我俩有没有维持亲密关系的能力。至少从我对自己的了解来看，这种实践可能性很可能不高。

◎ 当我们说一个命题很可能为真时，我们在说什么

如果将实践可能性看作认知可能性的子类，那么在日常生活中，我们谈论的可能性主要是认知可能性。认知可能性是基于个体所获得的信息的，它因人而异、因时而异。然而，这并不意味着认知可能性是随意的、不受理性规则约束的。很多人会误以为自己的主观信心水平就是认知可能性。

当我说"小美很可能会答应跟我约会"时，我并没有实际约了她 100 次，发现她答应了我 80 次以上。我也没有收集什么证据来支持这个想法，例如，我没有去调查小美在什么情况下更

可能答应跟我约会，没有去调查此刻是否正处于那种情况。我用"很可能"这个词，只表达了我的信心水平。然而，我可能过度自信，也可能过度不自信。

要想给出尽可能准确的认知可能性，而不只给出随意的信心水平，我们就需要不断收集新的信息，以此来将先验概率不断调整为后验概率。

"小美会答应跟我约会"这个命题为真的先验概率，就是我在去收集新信息之前，凭借我对自己和她以及我们之间关系的认识，随意给出的信心水平。假设我认为自己是一个不太有魅力的人，小美是个"冰山美人"，而且我俩的关系算不上特别好，那么我可能会认为这个命题为真的先验概率大概只有 0.1，也就是不太可能为真。

假设我读了一本好书，自认为智慧水平有了很大提升，自己浑身都散发出智者的魅力。此时，我可能会认为那个命题为真的概率是 0.4。假设此时小美在社交网络上发了信息，说她特别讨厌自以为是、自作聪明的人，此刻我又会将概率调整为 0.2。再假设，小美又给我发了信息，说她想见我了，此时我又将概率调整为 0.8……

获知新信息后，我们会调整自己对某事件发生的可能性的估计，这个调整后的估计就叫后验概率。每一轮调整的后验概率，就是下一轮调整的先验概率。对这个调整过程感兴趣的读者可以去了解贝叶斯公式。

还有一点要注意，只有位于 0 和 1 之间的数字可以调整。如果你认为某个命题为真的可能性就是 0 或 1，那么再多信息也无法改变你的看法。这意味着，我们最好不要将任何后验命题的认知可能性确定为 0 或 1，只要你不断获取准确的新信息，就能将信心水平调整成准确的认知可能性。

复 习

（1）如果一个命题不包含或导致逻辑上的矛盾，这个命题为真就是逻辑上可能的，否则就是逻辑上不可能的。

（2）如果一个命题不与任何物理规律相冲突，这个命题为真就是物理上可能的，否则就是物理上不可能的。

（3）如果一个命题不与某个人在某个时刻掌握的信息相冲突，那么这个命题在那个时刻对于那个人来说，就是认知上可能的，否则就是认知上不可能的。

（4）如果一个命题，特别是涉及一些人的选择和行为的命题，不与那些人的能力和意愿相冲突，这个命题对于那些人来说就是实践上可能的，否则就是实践上不可能的。

（5）当我们说一个命题很可能为真时，我们一般是指它的认知可能性很高。然而，很多人只能给出信心水平，给不出认知可能性。要想对一个命题的认知可能性做出更准确的判断，我们应该不断获取更多新信息，不断将先验概率调整为后验概率。

本章的关键词

真值条件（truth condition）：一句话的真值条件是指它为真的那种具体情况、条件、状态。

陈述句（declarative sentence）：表示说话人想要与听者分享的一些信息。

疑问句（interrogative sentence）：表示说话人希望听者给自己提供某些信息，常以问号结尾。

祈使句（imperative sentence）：表示说话人对听者发出的命令、请求、建议、愿望等。

感叹句（exclamatory sentence）：表达说话人的各种情绪，如愤怒、喜悦、痛苦、赞美、悲伤、焦虑等。

述行句（performative sentence）：说话人通过在恰当的情况下说出这些话来做某些事情。

话语（utterance）：话语是一种行为，它的结果就是产出语句。

语句（sentence）：语句是一个符号串。我们常将语句分为陈述句、疑问句、祈使句、感叹句和述行句。

命题（proposition）：命题是一种抽象结构，可以被判断为真或为假。

一致关系（consistency）：两个有一致关系的命题可以同时为真。一致关系除了是一种命题之间的逻辑关系外，也是一种做人的原则。

等值关系（equivalence）：两个有等值关系的命题的真值必然是一样的。等值关系是一种特殊的一致关系。

对立关系（contrariety）：两个有对立关系的命题不能同时为真。

对立关系是一种不一致关系，我们要避免同时相信两个有对立关系的命题。

矛盾关系（contradiction）：两个有矛盾关系的命题的真值必然一真一假。矛盾关系是一种不一致关系，我们要避免同时相信两个有矛盾关系的命题。

分析（analytic）：一个命题是分析的，当且仅当我们仅仅凭借理解对组成这个命题的语词的含义，就能判断这个命题是真还是假。

综合（synthetic）：一个命题是综合的，当且仅当它不是分析的。

先验（a priori）：一个命题是先验的，当且仅当我们不需要实际去调查世界的情况，就能判断这个命题是真还是假。

后验（a posteriori）：一个命题是后验的，当且仅当它不是先验的。

必然（necessary）：一个命题是必然的，当且仅当它在所有可能世界中都为真或者都为假。

偶然（contingent）：一个命题是偶然的，当且仅当它在一些可能世界中为真，在一些可能世界中为假。

可能世界（possible world）：一个有可能出现的世界，也就是一个不包含逻辑矛盾的世界。许多人认为，现实世界只是诸多可能世界之一，其他可能世界如同现实世界一样，都真实存在着。

逻辑可能性（logical possibility）：一个命题在逻辑上是可能的，当且仅当它不包含或者不会推出任何逻辑矛盾。

物理可能性（physical possibility）：一个命题在物理上是可能的，当且仅当它不与任何物理规律相冲突。

认知可能性（epistemic possibility）：一个命题对于某个人而言在某个时刻是认知上可能的，当且仅当它不与那个人在那个时刻掌握的信息相冲突。

实践可能性（practical possibility）：一个命题对于某个人或某群人而言是实践上可能的，当且仅当那个人或那群人有能力和意愿做那个命题所描述的事情。

先验概率（prior probability）：一个命题对于某个人而言的先验概率，就是这个人在获得更多新信息之前，对这个命题为真可能性的主观猜测。常用 0 ～ 1 之间的数来表示。

后验概率（posterior probability）：一个命题对于某个人而言的后验概率，就是这个人在获得更多新信息之后，将先验概率与某个函数相乘而得到的概率。只有在先验概率不等于 0 或 1 时，后验概率才有可能和先验概率不同。

命题逻辑

现代逻辑语的主要句型

在追溯人工智能的历史时，有些人不只追溯到图灵和冯·诺伊曼，还会追溯到 17 世纪的德国哲学家莱布尼茨。因为莱布尼茨曾经提出过一种理想化的思维语言：人们学会这种语言后，如果就某个事情的判断产生了分歧，只需要拿出纸和笔来，经过一番计算，就能解决分歧。

莱布尼茨当年并没有实现他的设想。现代逻辑语在一定程度上实现了莱布尼茨的梦想，其诞生也为计算机的出现打下了基础。如果你对这段历史感兴趣，可以读一读数学家马丁·戴维斯（Martin Davis）的《逻辑的引擎》一书。

哪怕你对计算机的起源和发展不感兴趣，也不打算从事与人工智能相关的工作，学习现代逻辑语也依然对你有帮助。我们以一个笑话为例说明现代逻辑语的作用。

甲对乙说："过年了，我们家什么年货也没买，就剩下一头猪

和一头驴，你说我是先杀猪呢，还是先杀驴呢？"乙回答道："先
杀驴。"甲说："嗯，猪也是这么想的。"

　　用古典逻辑语来分析，这个笑话所包含的三段论是这样的：

　　1. 所有猪都是认为应该先杀驴的。
　　2. 所有等同于乙的人都是认为应该先杀驴的。
　　因此，3. 所有等同于乙的人都是猪。

　　这实际上是一个无效的三段论，它的式是 AAA-2。不过，你
记不住"AAA-2"是无效的三段论也没关系，用现代逻辑语，能
更简明地识破这个无效论证：

　　1. 如果乙是猪，那么乙会认为应该先杀驴。
　　2. 乙认为应该先杀驴。
　　因此，3. 乙是猪。

　　这是一个无效的推理，它叫肯定后件。只需举个反例就能明
白这个推理形式是无效的。

　　1. 如果李老师是魔法少女，那么李老师是女性。
　　2. 李老师是女性。
　　因此，3. 李老师是魔法少女。

　　上面的笑话之所以有趣，是因为它隐含了一个前提，导致
回答"先杀猪还是先杀驴"这个问题的人，必然陷入"不是猪就
是驴"的两难境地。掌握了现代逻辑语，我们就能知道它隐含了

什么前提。

1. 如果你是猪，你就会认为应该先杀驴。（假定的事实类命题）

2. 如果你是驴，你就会认为应该先杀猪。（假定的事实类命题）

3. 你要么认为应该先杀猪，要么认为应该先杀驴。（假定的事实类命题）

4. 乙认为应该先杀驴。（假定的事实类命题）

5. 乙不认为应该先杀猪。（由3和4推出的事实类命题）

6. 乙不是驴。（由2和5推出的事实类命题）

7. ……（这是一个需要补充的隐含命题）

因此，8. 乙是猪。（由6和7推理出的事实类命题）

7就是一个需要补充的隐含前提。在我们学习现代逻辑语之前，它并不是显而易见的。在学习了现代逻辑语之后，我们就能指出这个推理中隐含的错误前提，来避免陷入"不是猪就是驴"的两难境地。

当然，学习现代逻辑语，最主要的用处不是帮助我们回避笑话中的圈套，而是帮助我们识别句子的真值条件，知道一句话在什么情况下算是真理，在什么情况下算是谬误。

在现代逻辑语中，一个较长的句子的真假，完全由组成这个句子的单词和符号决定，推理过程就像用计算器来计算一个较长的数学式子。最终的计算结果，完全由你按下的数字键和运算键决定。

我们在学会现代逻辑语，尤其是学会将汉语翻译成现代逻辑语之后，才能知道那些用汉语表达的句子究竟是不是真理。

8.1 简单命题与复合命题："逻辑计算器"的使用方法

从命题逻辑的角度看，命题可以分为简单命题和复合命题。

简单命题，一般是说某个东西有某个特征。"李老师喜欢魔法少女"，就是在说"李老师"这个东西有"喜欢魔法少女"这一特征。"李老师是魔法少女"，就是在说"李老师"这个东西有"是魔法少女"这一特征。

这些简单命题，可以用 p、q、r 等小写字母代表。例如，"李老师是魔法少女""李老师拥有变身魔法棒"这两个命题可以分别用 p、q 代表，也可以用别的字母代表，只要同一个字母始终代表同一个命题，不会造成混淆即可。

复合命题则是由简单命题和逻辑运算符组成的命题，它们不能简单地用一个小写字母来代表，例如"李老师是魔法少女并且李老师拥有变身魔法棒""李老师是魔法少女或者李老师不是魔法少女""如果李老师是魔法少女，那么李老师拥有变身魔法棒""李老师拥有变身魔法棒，当且仅当李老师是魔法少女"。

复合命题的关键便是逻辑运算符。表 8-1 列出了 5 个最常用的逻辑运算符。

表 8-1　5 个最常用的逻辑运算符

中文名	英文名	逻辑符号	通俗说法
否定	negation	¬	不
合取	conjunction	∧	和
析取	disjunction	∨	或
蕴涵	conditional	→	如果……那么……
等值	biconditional	↔	当且仅当

有了这些逻辑运算符，我们就可以用逻辑符号来表示复合命题了。

李老师是魔法少女并且李老师拥有变身魔法棒：$p \land q$

李老师是魔法少女或者李老师不是魔法少女：$p \lor \neg p$

如果李老师是魔法少女，那么李老师拥有变身魔法棒：$p \to q$

李老师拥有变身魔法棒，当且仅当李老师是魔法少女：$q \leftrightarrow p$

这五个逻辑运算符的精确含义，接下来几个小节会细说。我们先来思考一下简单命题和复合命题之间的关系。为此，我们需要复习一下函数的概念。函数有点像加工面条的机器，我们往机器里"输入"面团，机器就会"输出"面条。

"函数机器"不都是"加工面条"的，对于不同的函数，输入和输出的东西各不相同。例如，对于"+3"这个函数，输入 2 就会输出 5，输入 98 就会输出 101。对于"的爸爸"这个函数，输入曹植就会输出曹操，输出孙权就会输出孙坚。对于"的首都"这个函数，输入中国就会输出北京，输入俄罗斯就会输出莫斯科。

简单命题和复合命题之间的关系，其实就是一种真值函数。所谓真值函数，就是输入真值也输出真值的函数。输入的就是简单命题的真值，输出的就是复合命题的真值。换言之，一个复合命题的真值，完全由组成它的简单命题以及逻辑运算符决定。

每一个逻辑运算符，其实就是一种特定的函数操作。例如，"合取"这个运算符必然要求输入至少两个真值，而且要输入的真值都为真，才会输出真；输入一真一假，或者输入两个假，都会输出假。而"否定"这个运算符与其他四个不一样，它只要求输入一个真值，输入真就会输出假，输入假就会输出真。

与数学计算器一样，"逻辑计算器"也可以计算很长的逻辑公式（如图8-1所示），只要这个逻辑公式是合理的即可。像"pp↔"和"q¬∨∨"这样的公式就是不合理的。

图 8-1　数学计算器与"逻辑计算器"

7×［3+（5-2）］÷1 这个数学式的最后一步是除法，我们可以说，这个式子本质上是个除法算式。同理，逻辑公式的最后一步计算的逻辑运算符，就是这个公式的主运算符。逻辑运算符又叫逻辑联结词，所以主运算符又叫主联结词。主联结词决定了一个公式究竟叫什么名字。当主联结词分别是否定、合取、析取、蕴涵、等值时，这个公式就分别叫作否定式、合取式、析取式、蕴涵式、等值式。

复　习

（1）在命题逻辑中，简单命题常用 p、q、r 等小写字母代表。复合命题则用这些字母加上逻辑运算符代表。

（2）常用的逻辑运算符有5个，分别是否定、合取、析取、蕴涵、等值。常用来表示它们的逻辑符号分别是"¬""∧""∨""→""↔"。在正式的场合，最好称呼它们正式的中文名，不要用通俗说法称呼它们。

（3）简单命题和复合命题之间的关系，其实是真值函数关系。每个逻辑运算符都是一个函数，输入简单命题的真值，就会输出相应复合命题的真值。运算过程就像逻辑计算器一样。

（4）最后一步计算的逻辑运算符，就是一个公式的主运算符。主运算符决定了那个式子是什么式子。

8.2　合取式与析取式："和"与"或"的计算

逻辑思维的基本功之一是翻译，既要能将自然语言翻译成逻辑符号，也要能将逻辑符号翻译成自然语言。

在学习古典逻辑时，我们已经知道如何将自然语言翻译成直言命题。在现代逻辑中，我们要进一步学习将自然语言翻译成符号化的逻辑公式。这一节要学的是析取式和合取式的翻译。

先来了解一下合取式与析取式的精确定义。逻辑运算符代表了真值函数，只要输入真值，就会输出真值。我们可以用真值表来呈现析取和合取究竟是怎么对真值进行操作的（如图 8-2 所示）。

p	q	p∧q	p∨q
T	T	T	T
T	F	F	T
F	T	F	T
F	F	F	F

图 8-2　析取和合取的真值表

在这个真值表里，T 代表真，F 代表假。从表中可以看出，合取只在 p 和 q 都为真时，p∧q 才为真，其他三种情况都为假；而析取则只在 p 和 q 都为假时，p∨p 才为假，其他三种情况都为真。

合取式又叫联言命题，它对构成它的命题都做出了肯定，算是"联起来肯定"。日常生活中表示合取式的语句有很多，"和""并且""而且""不仅如此""尽管""虽然""但是"等词常常意味着合取式。甚至，有些没有出现任何标志性语词的语句，也可以表达合取式。下面这些语句都算是合取式：

- "2+3=5"和"3+2=5"。
- 我祈祷拥有一颗透明的心灵，和会流泪的眼睛。
- 虽然他很有钱，但他并不开心。
- 尽管他并不开心，但他很有钱。
- 李老师不仅是魔法少女，还拥有变身魔法棒。
- 张三外表帅气，并且性格温柔。
- 你看过了许多美景，你看过了许多美女。

在将自然语言翻译成直言命题时，我们会发现，信息量可能减少了。在将语句翻译成命题时，道理也是一样的，一旦追求精确和严谨，可能就会缺失信息量。

"虽然他是个高才生，但他是小偷"和"虽然他是小偷，但他是个高才生"翻译成命题逻辑后其实是等价的，$p \wedge q$ 和 $q \wedge p$ 的真值是一样的，但在自然语言中，两者强调的意思不一样：前者似乎是在谴责他，后者似乎是要赦免他。"他变强了，并且变秃了"和"他变秃了，并且变强了"翻译成命题逻辑后也是一样的，但前者说的是先变强，然后变秃；后者似乎是说先变秃，后变强。"他俩相爱了，并且结婚了"和"他俩结婚了，并且相爱了"也不一样，前者是说先有爱情才结婚，后者是说先结婚才有了爱情。

还要注意，不是所有"和"都表示合取。"关羽和张飞是结义兄弟""罗密欧和朱丽叶相爱了"这两句话里的"和"并没有联结两个命题，所以这两句话不是合取式。

再来看析取式。析取式又叫选言命题。联言命题只有一种为真的情况，而选言命题有三种，所以给了我们更多的选择。日常生活中表示选言命题的标志性语词有"或""或者""要么……要么……""……还是……""也许……也许……"。下面这些语句都是析取式：

- 选 A 或选 B。
- 你爱我还是他。
- 也许是天灾，也许是人祸。
- 张三说错了，或者李四搞错了。
- 李老师要么在洗澡，要么在听歌。

在自然语言中，有时"要么……要么……"暗含更多意思。"他要么是个好人，要么是个坏人"这句话似乎在说他不能同时是好人和坏人。"李老师要么是男人，要么是女人"也暗含李老师不能既是男人又是女人的意思。此时，我们想要表达的不是普通的析取式，而是不相容析取。所谓不相容，是指构成析取式的各个命题不能同时为真。我们可以用析取式和合取式的合取来表达这个意思。例如，"李老师要么是男人要么是女人"可以翻译成 $(p \lor q) \land \lnot (p \land q)$。这个式子为真，当且仅当 p 或 q 任意一个为真，并且 p 和 q 不同时为真。

如果要表达三个或更多简单命题中任意一个为真，且只有一个为真，表达方式就会变得有点复杂。例如，"要么张三是冠军，要么李四是冠军，要么王五是冠军"这句话暗示了不能多人同时是冠军。这句话可以翻译成 $(p \lor q \lor r) \land \lnot (p \land q \land r) \land \lnot (p \land q) \land \lnot (p \land r) \land \lnot (q \land r)$，也就是三个人当中有一个是冠军，并且三个人不同时是冠军，且任意两个人都不同时是冠军。

不过，在命题逻辑中，我们更关心的是相容的析取，也就是组成复合命题的各个子命题可以同时为真的析取式。除了特别明显的例外情况，我们都把"或"翻译成相容析取。

练 习

请将下列语句翻译成符号化的命题逻辑公式：

（1）书中自有黄金屋，书中自有颜如玉。

（2）小明和小美是夫妻，小美和小丽是姐妹，小丽和小芳是同学。

（3）不是你死，就是我亡。

（4）小明要么很愚蠢，要么很邪恶。

（5）小明要么愚蠢，要么不愚蠢。

（6）虽然我长得不帅，但我有一颗爱你的心。

（7）你既爱我，又爱他。

（8）这只股票可能会涨，也可能会跌。

（9）师傅被妖怪抓走了，二师兄也被妖怪抓走了，连大师兄也不见了。

（10）你和我要么是朋友，要么是敌人。

8.3 否定式与等值式："不"与"当且仅当"的计算

我们在这一节来了解否定式和等值式的翻译。它俩并没有什么内在联系，只是考虑到蕴涵式要压轴出场，就先让它俩共同登台，一起介绍了。

图 8-3 呈现了否定式和等值式的真值表，表中体现了否定式

和等值式具体是怎么对真值进行函数操作的。

p	q	¬p	p↔q
T	T	F	T
T	F	F	F
F	T	T	F
F	F	T	T

图 8-3　否定式和等值式的真值表

从真值表中可以看出，否定式很简单：p 是真的，那么 ¬p 就是假的；p 是假的，那么 ¬p 就是真的。要注意，否定和其他四个逻辑运算符不同，否定只接一个命题，而其他四个都搭配两个命题，左右各一个。等值式的计算则是在 p 和 q 的真值相同时，p↔q 就为真；在一真一假的情况下，p↔q 就为假。

日常生活中的否定式大多带有"并非""不""不是""不对""错""假"等词。下面的语句都是否定式：

- 并非所有人都爱钱。
- 小明不是贪财之人。
- 说"小明是贪财之人"是不对的。
- "小明贪财"这种说法是错的。
- "小明贪财"这一判断是假的。

否定式需要讲究的细节并不多，只要注意否定词放在什么位置即可。我建议，想要否定某个命题，就在这个命题的最前面加上"并非"，而不要在句子中间加否定词。例如，"有人喜欢魔法少女"这句话的否定不是"有人不喜欢魔法少女"，而是"并非有人喜欢魔法少女"，意思差不多是"没有人喜欢魔法少女"。又如，"张三一定是杀人凶手"这句话的否定不是"张三一定不是杀人凶手"，而是"并非张三一定是杀人凶手"，意思是"张三不一定是杀人凶手"。

另外，不要每次看到双重否定就忍不住想要消去，有些时候不能消去。"不懂礼貌者不许入内"的否定，是"并非不懂礼貌者不许入内"，这句话的意思差不多是"不懂礼貌者许入内"，而不是"懂礼貌者不许入内"。

再来看等值式。日常生活中，直接出现"当且仅当"这四个字的等值式不多，不过，有不少语句表达的都是等值式的意思。下列语句是比较明显的等值式的例子：

- 一个数是偶数，当且仅当这个数能被 2 整除。
- 一个人是罪犯，当且仅当这个人犯了罪。
- 张三是李四的妻子，当且仅当李四是张三的丈夫。
- 品德高尚是做君子的充分且必要条件。

还有一些隐含的等值式没有出现"当且仅当"。例如"除非你给我钱，否则我不会帮你的忙"这句话，字面上说的是："1. 如果你不给我钱，我就不会帮你的忙。"但这句话其实还暗示了一重含义："2. 如果你给我钱，我就会帮你的忙。"而根据 1 和 2，我们不难推出以下两个命题："3. 如果我还没有帮你的忙，这就意味着你还没给我钱。""4. 如果我帮了你的忙，这就意味着你已经给我钱了。"

这 4 重含义组合在一起，其实就表达了"5. 你给我钱，当且仅当我帮你忙"。这句话用逻辑符号来表示，就是等值式。"你给我钱"记为 p，"我帮你忙"记为 q，那么，"除非你给我钱，否则我不会帮你的忙"可以看作"你给我钱，当且仅当我帮你忙"，也就是"p↔q"。

同理，家长有时会对孩子说"你还没有写完作业，所以不能看电视"，字面上说的是："1. 如果你没有写完作业，那么你不能看电视。"这实际上也暗示了："2. 如果你写完作业，你就可以看电视。"这就相当于"3. 你能看电视，当且仅当你写完作业"，也是个等值式。

这告诉我们一个深刻的道理：将自然语言翻译成命题逻辑公式时，不能仅仅根据字面来判断某个语句该翻译成什么式子。一般如果一个语句出现了"当且仅当"，它就是等值式；但如果没有出现"当且仅当"，它也可能是等值式。

正如不能从一个人的外表判断一个人的内心，我们也不能根据一句话的外表判断它究竟表达了什么命题。在将任何语句翻译成符号化的命题时，我们要做的，就是分析说出那句话的人的意图，分析说话人究竟想要表达什么意思，或说话人究竟对什么做出了判断。说话人可能出现口误，可能词不达意，可能有言外之意，可能在说反话，可能在开玩笑，可能在讽刺，可能在运用修辞展现自己的聪明才智。总之，说话人说出的语句的字面意义，有可能不是说话人想要表达的命题。

练 习

请将下列语句翻译成符号化的命题逻辑公式：

（1）否定式不是一种很难理解的命题。

（2）否定式很难理解，当且仅当其他逻辑公式也很难理解。

（3）人不犯我，我不犯人；人若犯我，我必犯人。

（4）人们在且只在情绪化的时候才不讲道理。

（5）聪明人有前途，不聪明的人没有前途。

（6）读书并不能改变命运。

（7）便宜没好货，好货不便宜。

（8）不是所有人都不讲道理。

（9）有些好货并不昂贵。

（10）所有猪都不会飞。

8.4　蕴涵式："如果……那么……"的计算

蕴涵式又叫假言命题。在 5 个常用逻辑运算符中，蕴涵式是最"讲究"的一个，值得我们多花些心思来钻研。图 8-4 呈现了蕴涵式的真值表。

从真值表中可以看出，$p \rightarrow q$ 只在 p 为真且 q 为假时才为假，其他三种情况都为真。而且，$p \rightarrow q$ 和 $\neg p \vee q$ 这两个式子的真值是一模一样的。所以，可以说这两个式子表达的命题是等价的。

p	q	p→q	¬p∨q
T	T	T	T
T	F	F	F
F	T	T	T
F	F	T	T

图 8-4 蕴涵式的真值表

专业人士一般不会把 p→q 读作"如果 p，那么 q"，而是读作"p 蕴涵 q"。这是因为蕴涵这个逻辑运算符的含义严格、精确且单调，而日常生活中的"如果……那么……"的含义非常丰富多彩、灵活多变。它可能表示因果关系、反事实条件句（虚拟语气）、推理、解释、充分条件和必要条件等，例如：

- 如果下雨，就不出门野餐了。
- 如果捕杀狐狸，兔子就会过度繁殖。
- 如果张三不愿意让我们看他包里的东西，张三很可能就是那个偷东西的人。
- 如果德国和日本赢得第二次世界大战，美国就会被德国和日本瓜分。
- 如果明天是星期天，后天就是星期一。
- 如果张三是李四的哥哥，李四就是张三的弟弟。
- 如果不付出，就不会有收获。

以上说法，听起来都挺合理，但为真的蕴涵式并不都是听起来合理的。

根据惯例，我们把 p→q 中的 p 称为前件，q 称为后件。仔细看真值表，你会发现，当前件为假时，无论后件为真还是为假，整个蕴涵式都是真的。而当后件为真时，无论前件为真还是为假，整个蕴涵式也都是真的。于是就会出现这些看起来不合理的蕴涵式：

- 如果 1+1=3，那么珠穆朗玛峰不是世界最高峰。
- 如果 1+1=3，那么北京是中国的首都。
- 如果北京是中国的首都，那么 1+1=2。
- 如果巴黎是中国的首都，那么 1+1=2。

虽然我们难以接受以上四个蕴涵式，但它们都是真的。我们在日常生活中不会说这些奇怪的话，但根据 p→q 的严格定义来看，它们的确都是真的，因为它们要么前件为假，要么后件为真。

该如何解决这个问题呢？其实也很简单：不要把"→"这个符号读作"如果……那么……"，而读作"蕴涵"，这样就不会产生严重的违和感。"蕴涵"听起来像专业的逻辑符号，大家不会把它和日常生活中的情况联系得太紧密。就像"＋"是一个专业的数学符号，而"加"是一个日常用语，"加点盐"是个合理的说法，但"＋盐"就有违和感，"12＋盐＝?"听起来是个不合理的问题。

我们继续来看前件和后件的关系。在日常生活中，蕴涵式之所以常用，是因为它能表达充分条件和必要条件：前件是后件的充分条件，后件是前件的必要条件。

假设小明是一名温柔帅气的男子，有多名女生倾心于他，想要知道他的择偶条件。他说自己喜欢特别高学历的人，特别是专门从事物理学研究的女生。不过，如果一个女生长相不够好看，他也不会喜欢。

听到这番话，小美和小丽立即心中有数了。她俩组织起两个蕴涵式：

- 如果 X 是从事物理学研究的高学历者，小明就会选择 X 作为他的配偶。
- 如果 X 长相不够好看，小明就不会选择 X 作为他的配偶。

第二句话的意思也可以表达为"如果小明选择 X 作为他的配偶，那么 X 长相好看"。可以看出，第一句话表达的是充分条件，第二句话表达的是必要条件。如果充分条件得到了满足，结果就一定会发生；如果必要条件没得到满足，结果就一定不会发生。

这就叫肯定前件能肯定后件，而否定后件能否定前件。不过，反过来是不成立的：肯定后件不能肯定前件，否定前件也不能否定后件。

当充分条件没有得到满足时，结果也可能发生。例如，小美虽然不是从事物理学研究的学者，但她也是高学历者，专门从事语言学研究。小明认识小美后，因小美身上的魅力而爱上小美，这是完全有可能的。充分条件并不一定是必要条件。

当必要条件满足时，结果也可能不发生。例如，在小明眼中，小丽的美貌堪称惊为天人，但他依然没选择小丽作为配偶，而选择了长相还算好看而且具有其他方面魅力的小美。

当充分条件就是必要条件，或必要条件就是充分条件时，这个条件就叫充分且必要条件，简称充要条件。例如，小明也许说自己喜欢且只喜欢漂亮的女士，那么"漂亮"就是充要条件了。充要条件用我们在上一节学过的等值式来表达，即 p↔q。现在，我们发现，等值式也可以用蕴涵式的合取来表达，例如，(p→q) ∧ (q→p) 或 (p→q) ∧ (¬p→¬q) 这两个合取式，都可以表达 p↔q 的意思（q→p 和 ¬p→¬q 是等价的）。

复 习

（1）p→q 一般读作"p 蕴涵 q"，只有当 p 真而 q 假时，整个式子才为假，其他三种情况都为真。

（2）p→q 中，p 叫作前件，q 叫作后件。前件是后件的充分条件，后件是前件的必要条件。

（3）肯定前件能肯定后件，否定后件能否定前件。但否定前件不能否定后件，肯定后件也不能肯定前件。

（4）p↔q 相当于 (p→q) ∧ (q→p) 或 (p→q) ∧ (¬p→¬q)。不难看出，q→p 其实也相当于 ¬p→¬q。

本章的关键词

简单命题（simple proposition）：不包含逻辑运算符的命题，常常用 p、q、r 等小写字母表示。

复合命题（complex proposition）：由简单命题和逻辑运算符

组成的命题。

函数（function）：可以直观地将函数理解为一台机器，"输入"一些原材料，就会"输出"一些加工后的产品。

真值函数（truth function）：输入真值也输出真值的函数。

逻辑运算符（logical operator）：又叫逻辑联结词（logical connective）。常用的逻辑运算符有五个，分别是否定、合取、析取、等值、蕴涵。一个逻辑公式中最后一步计算的逻辑运算符就是这个公式的主运算符。

合取（negation）：写作 ∧ 。一个合取式为真，当且仅当组成这个合取式的各个分支命题都为真。

析取（disjunction）：写作 ∨ 。一个析取式为真，当且仅当组成这个析取式的各个分支命题中至少有一个为真。

否定（negation）：写作 ¬ 。一个否定式为真，当且仅当组成这个否定式的命题为假。

等值（biconditional）：写作 ↔ 。一个等值式为真，当且仅当组成这个等值式的各个分支命题的真值相同。

蕴涵（conditional）：写作 → 。蕴涵式又叫条件句。在一个蕴涵式中，蕴涵符号左边的命题称为前件，右边的命题称为后件。一个蕴涵式为真，当且仅当它前件为真时，后件不为假。

充分条件（sufficient condition）：蕴涵式中的前件是后件的充分条件。如果充分条件被满足，那么后件必然为真。所以肯定前件就能肯定后件。

必要条件（necessary condition）：蕴涵式中的后件是前件的必要条件。如果必要条件没有被满足，那么前件必然为假。所以否定后件就能否定前件。

充要条件（sufficient and necessary condition）：等值式中的两个命题互为充要条件。否定一个就能否定另一个，肯定一个也就能肯定另一个。

论证有效性
现代逻辑语的根本语法

孔子曰："唯上智与下愚不移。"什么是下愚？

譬如：

有甲乙丙三人，甲发表了一番言论，乙"觉得"甲的言论有道理，经过丙出来揭示出甲的言论明显百孔千疮，只是胡说八道，这时乙才知道甲的言论原来百孔千疮，只是胡说八道。

……

后来甲又再发表了一番言论，乙又再"觉得"甲的言论有道理，经过丙出来揭示出甲的言论明显百孔千疮，只是胡说八道，这时乙才又再知道甲的言论原来百孔千疮，只是胡说八道。

这个乙就是下愚。

下愚中的极品——极愚——的一大特征是：公说时就觉得公有理，婆说时就觉得婆有理，谁说最后一句话就觉得谁最有理，纵然是鲍鱼说最后一句话也会觉得鲍鱼最有理。

极愚与鲍鱼同类，属人形贝壳类。

以上这段话，出自李天命的《哲道行者》一书。

在我看来，"极愚"是一群不懂现代逻辑语的人。这群人经常根据各种不合理的因素，来判断谁说的话最有道理，例如谁说了最后一句话，谁说话声音大，谁说话最押韵，谁说话最合自己心意，谁头上的帽子最大，谁的钱包最厚，谁的屁股离自己最近……

掌握现代逻辑语，能帮助我们脱离"极愚"的状态。认真学习和思考，还能让我们达到"上智"的状态。

学习论证逻辑时，我们掌握了"论证格式"这种分析和评价论证的工具。这种工具正是脱胎于现代逻辑语中的形式证明。当我们学会以现代逻辑的视角来看待论证有效性时，就能够更清楚地判断谁说的话最有道理：谁能说出有效的论证，同时论证中的前提是最可信的，那么谁说的结论就最有道理。

9.1 重言式与论证有效性：翻译与计算

有些命题表达式必然是真的，比如 $p \vee \neg p$，无论 p 是真还是假，这个析取式都是真的。这种式子叫作重言式或永真式。

有些命题表达式可能是真的，也可能是假的，比如 $\neg p$，当 p 为真时，这个否定式就为假；当 p 为假时，它就为真。这种式子叫作偶真式或可满足式。

有的命题表达式必然是假的，比如 $p \wedge \neg p$，无论 p 是真还是假，这个合取式总是假的。这种式子叫作矛盾式。

在重言式、偶真式和矛盾式中，我们最关心重言式，因为重言式永远是真的，它能表达论证的有效性。

一个论证是有效的，当且仅当如果该论证的前提为真，那么结论不可能为假。下列论证都是有效的：

- 如果张三靠得住，那么母猪会上树。母猪并不会上树。所以，张三靠不住。
- 张三靠得住。母猪并不会上树。所以，"如果张三靠得住，那么母猪会上树"是一种错误的说法。
- 要么张三靠得住，要么李四靠得住。张三靠不住。所以，李四靠得住。

不过，我们该怎么判断这些论证是否有效呢？

一种方法是凭借直觉和想象力。如果我们可以想象出一种合理的场景，使得论证的前提都为真，而结论为假，那么该论证就是无效的。不过，直觉和想象力并不总靠得住。有时论证不合理，我们却没有想到前提为真但结论为假的场景。有时论证是有效的，我们却误以为自己想到了一种合理的场景能证明其无效。

我们可以采用一种更可靠的方法——借助真值表。首先，我们将论证的多个前提变成一个合取式。然后，我们将这个合取式作为前件，将论证的结论作为后件，将两者组合成一个蕴涵式。如果这个蕴涵式是重言式，这个论证就是有效的。

我们先将例子中的 3 个论证翻译成命题逻辑公式，将"张三靠得住"记为 p，"母猪会上树"记为 q，"李四靠得住"记为 r。用 ∵ 符号表示"因为"，后面紧跟前提；用 ∴ 符号表示"所以"，后面紧跟结论。这样，三个论证可以翻译成如下的公式：

- ∵ p→q，¬q。∴ ¬p。
- ∵ p，¬q。∴ ¬（p→q）。
- ∵ p∨r，¬p。∴ r。

然后，我们把前提合取起来，再将其和结论组合在一起，形成一个蕴涵式，如下：

- （（p→q）∧¬q）→¬p
- （p∧¬q）→¬（p→q）
- （（p∨r）∧¬p）→r

接下来画真值表。通过穷举的方式，将 p、q、r 每一种可能的真值组合都考虑进来，看看是不是无论 p、q、r 是真还是假，整个蕴涵式总是为真。

从图 9-1 的真值表可以看出，无论 p 和 q 是真还是假，（（p→q）∧¬q）→¬p 都是真的。所以这个式子是重言式，这个蕴涵式表达的论证也是有效的。

同理，（p∧¬q）→¬（p→q）和（（p∨r）∧¬p）→r 也是重言式，这两个蕴涵式表达的论证也都是有效的（真值表见图 9-2 和图 9-3 ）。

p	q	¬p	¬q	p→q	(p→q)∧¬q	((p→q)∧¬q)→¬p
T	T	F	F	T	F	T
T	F	F	T	F	F	T
F	T	T	F	T	F	T
F	F	T	T	T	T	T

图 9-1　((p→q)∧¬q)→¬p 的真值表

p	q	¬q	p∧¬q	p→q	¬(p→q)	(p∧¬q)→¬(p→q)
T	T	F	F	T	F	T
T	F	T	T	F	T	T
F	T	F	F	T	F	T
F	F	T	F	T	F	T

图 9-2　(p∧¬q)→¬(p→q) 的真值表

　　我们再测试一个新的论证："如果张三靠得住，那么母猪会上树。如果母猪会上树，那么李四靠得住。所以，如果张三靠得住，那么李四靠得住。"这个论证是否有效呢？

　　先将其转化为蕴涵式：((p→q)∧(q→r))→(p→r)。然后再画真值表（如图 9-4 所示）。

p	r	¬p	p∨r	(p∨r)∧¬p	((p∨r)∧¬p)→r
T	T	F	T	F	T
T	F	F	T	F	T
F	T	T	T	T	T
F	F	T	F	F	T

图 9-3　((p∨r) ∧ ¬p) →r 的真值表

p	q	r	p→q	q→r	(p→q)∧(q→r)	p→r	((p→q)∧(q→r)) →(p→r)
T	T	T	T	T	T	T	T
T	T	F	T	T	F	F	T
T	F	T	F	T	F	T	T
T	F	F	F	T	F	F	T
F	T	T	T	T	T	T	T
F	T	F	T	F	F	T	T
F	F	T	T	T	T	T	T
F	F	F	T	T	T	T	T

图 9-4　((p→q) ∧ (q→r)) → (p→r) 的真值表

　　根据真值表，((p→q) ∧ (q→r)) → (p→r) 这个式子是重言式，所以"如果张三靠得住，那么母猪会上树。如果母猪会上树，那么李四靠得住。所以，如果张三靠得住，那么李四靠得住"这个论证是有效的。

　　真值表方法的优势在于，只要你不厌其烦地画这个表格，你总能算出某个式子是不是重言式。而且，画真值表的原理很简单，只需要把 p、q、r 等简单命题的每一种可能的真值组合都画出来。而逻辑运算符就像函数操作一样，只要确定了输入值，就能确定输出值。一旦简单命题的真值确定了，无论逻辑运算符是什么，我们都能确定复合命题的真值。如果你画得足够熟练，那么可以省略中间的几列，只留下左边确定简单命题的真值的几列和最右边确定我们需要考察的复合命题的真值的一列即可。

不过，真值表方法也有缺点，那就是画表格很麻烦，让人很累，一不小心就画错了。如果复合命题包含多个简单命题和多个逻辑运算符，就需要画很长的真值表。让软件去做这种事情还差不多，让人来做实在太辛苦了。

所以，我们可以用简化真值表方法来判断任意式子是否为重言式。简化真值表方法的原理也很简单：先假定那个命题表达式为假，如果这会导致矛盾，那么式子就不可能为假；既然不可能为假，就必然为真，那么它就是重言式。

我们用简化真值表方法检验 $((p \rightarrow q) \wedge \neg q) \rightarrow \neg p$ 这个式子是否为重言式，如图 9-5 所示。

$$((p \rightarrow q) \wedge \neg q) \rightarrow \neg p$$
$$?\quad\ \ \text{T T F}\quad\text{F F T}$$

图 9-5　$((p \rightarrow q) \wedge \neg q) \rightarrow \neg p$ 的简化真值表

我们只需要将每个式子的真值写在逻辑运算符的下面。先假定整体为假，然后一步步倒推，最后得出了一个矛盾：某个式子既为真又为假。在这个式子下方打上"?"。如此就可以看出，整个式子不可能为假，它就是重言式。

假定 $((p \rightarrow q) \wedge \neg q) \rightarrow \neg p$ 为假。这个式子的主运算符是

蕴涵，所以它是个蕴涵式。一个蕴涵式为假只有一种情况，即前件真而后件假。所以（p→q）∧¬q 这个合取式为真，¬p 这个否定式为假。既然 ¬p 为假，那么 p 就为真。（p→q）∧¬q 是个合取式，它为真只有一种情况，即合取符号两边的命题都为真。那么（p→q）和 ¬q 都是真的。既然 ¬q 为真，那么 q 就为假。但我们发现，既然 p 为真而 q 为假，那么（p→q）就不可能为真。这是个矛盾，所以，（（p→q）∧¬q）→¬p 不可能为假。

我们再用这种方法检验一下（（p→q）∧¬p）→¬q 这个式子是不是重言式（见图 9-6）。

$$((p{\rightarrow}q)\wedge\neg p)\rightarrow\neg q$$
$$\text{T}\quad\text{T T F}\quad\text{F}\quad\text{F T}$$

图 9-6 （（p→q）∧¬p）→¬q 的简化真值表

结果发现，假定这个式子为假，不会推导出任何矛盾，所以这个式子不是重言式。也就是说，"如果张三靠得住，那么母猪会上树。张三靠不住。所以，母猪不会上树"这样的论证是无效的。

当然，在使用简化真值表方法时也可能会遇到小麻烦：假定某些式子为真或为假，情况只有一种，所以是确定的；但有时候却有多种情况，所以是不确定的。

确定的情况有四种：否定式为真或为假、蕴涵式为假、析取式为假、合取式为真。

不确定的情况也有四种：等值式为真或为假、蕴涵式为真、析取式为真、合取式为假。

如果遇到不确定的情况，就再用穷举的方式，把每一种情况都考虑进来，多画几行简化真值表。如果每一种情况下都能推出矛盾，那么该式子就是重言式；如果在有些情况下推不出矛盾，那么该式子就不是重言式。

练　习

　　请先将下列论证翻译成命题逻辑公式，再用真值表或简化真值表方法，判断这些公式是不是重言式。

（1）如果你赢了，那么有人会不开心。如果你输了，那么有人会不开心。如果你参加比赛，那么你要么赢要么输。你参加比赛。因此，总有人会不开心。

（2）如果张三既是歌手又是演员，张三就是名人。因此，如果张三既是歌手又是名人，那么张三是演员。

（3）"李四善良且机智"这种说法是错的。因此，李四要么不善良，要么不机智。

（4）你如果爱她，就送她书。你如果恨她，就送她钻石。因此，你如果既爱她又恨她，就送她书或钻石。

（5）可能是她不爱我了，也可能是我不爱她了。她的确不爱我了。所以，我还是爱她的。

（6）如果魔法少女会飞，那么机票价格会降低。魔法少女会飞，但是魔法少女很稀少。所以，机票价格会降低。

（7）如果魔法少女会飞，那么机票价格会降低。要么魔法少女会飞，要么魔法少女很稀少。所以，机票价格会降低。

（8）知识就是力量。力量使人自大。所以，知识使人自大。

（9）知识就是力量并且力量使人自大。但是，力量并不使人自大。所以，知识并不是力量。

（10）如果官司打赢了，那么按照判决我不用付学费。如果官司打输了，那么按照合同我不用付学费。官司可能打赢，也可能打输。所以，按照判决我不用付学费，并且按照合同我也不用付学费。

9.2　常用的命题逻辑有效推理形式：听懂现代逻辑的行话

重言式可以表达有效的论证。我们在面对别人使用的论证时，可以通过分析它们能不能转化为重言式，来判断别人使用的论证是否有效。

那么，我们自己想要建构一个有效的演绎论证时，该怎么做呢？很简单，我们只需要记住那些最常用的推理形式即可。这里说的推理和论证是同义词：作为动词，指为一个结论提供支持性理由的过程；作为名词，指一组包含理由和结论的命题。

为了方便表述，我们用"⊢"这个符号表示"推出"。这个符号的左边是论证的前提，右边是结论。此外，我们用逗号来隔开不同的前提。有了这些约定，我们就能表述九种最常用的有效推理形式，或者叫有效论证形式。

（1）肯定前件式：$p \rightarrow q$，$p \vdash q$。也可以转化为一个重言的蕴涵式，即$((p \rightarrow q) \wedge p) \rightarrow q$。案例有：

- 如果张三是个歌手，那么张三唱歌很好听。张三的确是个歌手。所以，张三唱歌的确很好听。
- 如果有人用力摔这个花瓶，那么它就会碎。的确有人用力摔了这个花瓶。所以，花瓶碎了。

- 如果小明是一只天鹅，那么小明是白色的。小明的确是一只天鹅。所以，小明是白色的。

（2）否定后件式：p→q，¬q⊢¬p。其对应的重言式是 ((p→q)∧¬q)→¬p。案例有：

- 如果下雨，就不出门了。出了门。所以，没有下雨。
- 如果穿越回古代，就吃不上好吃的菜了。还吃得上好吃的菜。所以，并没有穿越回古代。
- 如果你在乎她，就向她认错。你不向她认错。所以，你不在乎她。

（3）假言三段论：p→q，q→r⊢p→r。其对应的重言式是 ((p→q)∧(p→r))→(p→r)。案例有：

- 如果送花给小美，小美就会很开心。如果小美很开心，小美就更倾向于答应我的要求。所以，如果送花给小美，小美就更倾向于答应我的要求。
- 如果你今天表现好，我们就去吃火锅。如果我们去吃火锅，你就会拉肚子。所以，如果你今天表现好，你今天就会拉肚子。
- 如果不擦防晒霜，皮肤就会变黑。如果皮肤变黑了，就找不到男朋友了。所以，如果不擦防晒霜，就找不到男朋友了。

（4）析取三段论：p∨q，¬p⊢q 或 p∨q，¬q⊢p。其对应的重言式是（（p∨q）∧¬p）→q 或（（p∨q）∧¬q）→p。案例有：

- 书可能是借给小张了，也可能是借给小李了。不是借给小李了。所以，书肯定是借给小张了。
- 凶手是张三或李四。凶手不是张三。所以，凶手是李四。
- 小明要么吃了蛋炒饭，要么吃了蛋炒面。小明没有吃蛋炒饭。所以，小明吃了蛋炒面。

（5）建设式二难推理：（p→q）∧（r→s），p∨r⊢q∨s。其对应的重言式是（（p→q）∧（r→s）∧（p∨r））→（q∨s）。案例有：

- 如果你说假话，别人就不会相信你。如果你说真话，别人就会觉得你好欺负。你要么说假话，要么说真话。所以，别人要么不相信你，要么觉得你好欺负。
- 如果去北大读书，就能去未名湖边散步。如果去清华读书，就能在清华园里晨跑。要么去北大读书，要么去清华读书。所以，要么能去未名湖边散步，要么能在清华园里晨跑。
- 如果不换工作，就实现不了自己的价值。如果换了工作，就得从头开始打拼。要么换工作，要么不换工作。所以，要么实现不了自己的价值，要么从头开始打拼。

（6）破坏式二难推理：（p→q）∧（r→s），¬q∨¬s⊢¬p∨

¬r。其对应的重言式是（（p→q）∧（r→s）∧（¬q∨¬s））→（¬p∨¬r）。案例有：

- 如果送孩子上学，上班就会迟到。如果接孩子回家，就要提早下班。要么不能迟到，要么不能提早下班。所以，要么不能送孩子上学，要么不能接孩子回家。
- 如果你接了很多任务，你就会忙得焦头烂额。如果你完全不接任务，你就会缺少金币。你要么不想忙得焦头烂额，要么不想缺少金币。所以，你要么不接很多任务，要么不要完全不接任务。
- 如果发普通快递，那么冰淇淋要两天才能到。如果不采用保温措施，那么冰淇淋两天就会融化。要么让冰淇淋两天内送到，要么不让冰淇淋两天就融化。所以，要么不发普通快递，要么采用保温措施。

以上是六种相对常用的有效推理形式。除此之外，再介绍三种特别简单的有效推理形式。

（7）合取引入律：p，q⊢p∧q。简言之，有了p和q为真，就能得出p合取q。

（8）合取消除律：p∧q⊢p或p∧q⊢q。简言之，有了p合取q，自然也就能推出p或q中的任意一个为真。

（9）析取引入律：p⊢p∨q。对于析取式，只要至少一个分支命题为真，整体就为真。既然p为真，那么p析取任何命题也都为真。

以上就是九个常用的有效推理形式。要注意，一个论证的形式是有效的，不代表我们就要采信其结论。只有当一个论证是可靠的时，我们才必须相信其结论。

有效性需要满足的条件只有一个：如果前提是真的，那么结论必然是真的。可靠性需要满足的条件有两个：1.如果前提是真的，那么结论必然是真的；2.前提是真的。

换言之，一个论证是可靠的，当且仅当一个论证是有效的，并且其前提是真的。而如果前提不为真，即便论证有效，结论也不一定为真。例如，"如果有人用力摔这个花瓶，它就会碎。的确有人用力摔了这个花瓶。所以，花瓶碎了"这个论证是有效的，但结论不一定是可信的。也许那个花瓶是特制的抗摔花瓶，再用力也摔不碎，那么第一个前提就不为真，所以结论也不为真。又或者第二个前提是假的，从来都没有人用力摔过这个花瓶，所以花瓶也不会碎。再比如，"凶手是张三或李四。凶手不是张三。所以，凶手是李四"这个论证也是有效的，但结论不一定是可信的。也许第一个前提错了，凶手其实是王五；也许第二个前提错了，凶手就是张三。在这两种情况下，结论就不为真了。

逻辑学更关心论证是否有效，因为论证是否可靠涉及前提事实上是否为真。而事实究竟如何，需要进一步调查。逻辑学家没法替警察去调查凶手，也无法替相关人士调查花瓶的质量或保管情况。

不过，如果论证是无效的，那么前提是否为真就不那么重要了。即使前提为真，我们也不能采信其结论，因为论证本身无效。所以，在评价他人的论证时，以及在给出自己的论证时，我们一般先确定论证的形式是否有效，再去确定前提是否为真。前者可以在书桌前完成，成本较低；后者需要实际调查很多事情，费时费力。

练 习

请你在自己的日常生活中，寻找肯定前件式、否定后件式、假言三段论、析取三段论、建设式二难推理、破坏式二难推理、合取引入律、合取消除律、析取引入律的例子。

前四种有效推理形式更常用，请至少各找 3 个例子。对于后五个有效推理形式，请至少各找 1 个例子。

9.3 常用的命题逻辑等值推理形式：更多现代逻辑的行话

在现代逻辑中，除了有九个常用的有效推理形式之外，还有十个等值推理形式也很常用。这次我们用" ⊦⊦ "符号表示等值，也就是左边可以推出右边，右边也可以推出左边。

◉（1）交换律

$p \lor q \dashv\vdash q \lor p$

$p \land q \dashv\vdash p \land q$

$p \leftrightarrow q \dashv\vdash q \leftrightarrow p$

正如 $2+4=4+2$，$2 \times 3 = 3 \times 2$。析取、合取、等值这三个逻

辑运算符的左右两边互换后，真值是不变的。"张三是小偷或李四是小偷"等价于"李四是小偷或张三是小偷"。

◉（2）结合律

$$(p \lor q) \lor r \dashv\vdash p \lor (q \lor r)$$
$$(p \land q) \land r \dashv\vdash p \land (q \land r)$$
$$(p \leftrightarrow q) \leftrightarrow r \dashv\vdash p \leftrightarrow (q \leftrightarrow r)$$

正如（2+4）+5=2+（4+5）。当析取、合取、等值这三个逻辑运算符连续使用时，运算顺序不影响运算结果。

◉（3）分配律

$$p \land (q \lor r) \dashv\vdash (p \land q) \lor (p \land r)$$
$$p \lor (q \land r) \dashv\vdash (p \lor q) \land (p \lor r)$$

正如乘法分配律3×（2+4）=3×2+3×4，当析取与合取组合在一起时，也遵循相似的分配律。"张三是小偷，并且李四或王五是小偷"等价于"张三和李四是小偷，或者张三和王五是小偷"。

◉（4）德·摩根律

$$\lnot (p \land q) \dashv\vdash \lnot p \lor \lnot q$$
$$\lnot (p \lor q) \dashv\vdash \lnot p \land \lnot q$$

德·摩根律相当常用，它说的是，否定p与q的合取，相当于肯定非p和非q的析取；而否定p与q的析取，相当于肯定非

p 和非 q 的合取。"张三是小偷并且李四是小偷"这种说法是错误的，就意味着要么张三不是小偷，要么李四不是小偷。

◉（5）双重否定律

¬¬p ⊣⊢ p

双重否定律非常简单，就是我们平常说的双重否定可以消去。否定否定 p，相当于肯定 p。"并非张三不是小偷"相当于说"张三是小偷"。

◉（6）重言律

p ⊣⊢ p∧p

p ⊣⊢ p∨p

重言律也很好理解，它类似于反复说同一件事。"小明是男性"和"小明是男性并且小明是男性"以及"小明是男性或者小明是男性"这三句话信息量是一样的。

◉（7）输出律

（p∧q）→r ⊣⊢ p→（q→r）

输出律看似很复杂，其实很简单。它说的是，如果要 p 和 q 都为真，r 就为真，那么，已知 p 为真的情况下，只要 q 为真，r 就为真了。举个例子，"如果一个可燃物处于氧气充足且温度很高的环境中，那么这个可燃物就会燃烧"这个推理相当于说，"如果一个可燃物处于氧气充足的环境中，那么如果这个可燃物同时还处于温度很高的环境中，它就会燃烧"。

◎（8）换位律

$p \rightarrow q \dashv\vdash \neg q \rightarrow \neg p$

之前提到 $p \rightarrow q$ 中，p 称作前件，q 称作后件，否定后件就能否定前件，这就是换位律。"如果小明是人，那么小明就会死"相当于说"如果小明不会死，那么小明不是人"。

◎（9）实质蕴涵律

$p \rightarrow q \dashv\vdash \neg p \vee q$

p 蕴涵 q 只在前件真且后件假的情况下才为假，那么它在前件假或后件真的情况下就为真，所以 p 蕴涵 q 相当于前假后真的析取。"如果你结婚了，那么你一定成年了"等价于说"要么你没有结婚，要么你已经成年了"。

◎（10）实质等值律

$p \leftrightarrow q \dashv\vdash (p \rightarrow q) \wedge (q \rightarrow p)$
$p \leftrightarrow q \dashv\vdash (p \wedge q) \vee (\neg p \wedge \neg q)$

等值这个运算符看起来很像蕴涵，只不过蕴涵是向右的单向箭头，而等值是双向箭头。这也透露了它俩的关系：p 等值 q，相当于 p 蕴涵 q，并且 q 也蕴涵 p。同时，p 等值 q 在两种情况下为真：p 和 q 都为真，p 和 q 都为假。

练 习

请你在自己的日常生活中，寻找交换律、结合律、分配律、德·摩根律、双重否定律、重言律、输出律、换位律、实质蕴涵律、实质等值律的例子。对于每个等值推理形式，请至少找 1 个例子。

9.4 形式证明：如何"看长相"判断论证是否有效

我们已经掌握了九个有效推理形式和十个常用的等值推理形式。掌握了这些，我们就可以完成命题逻辑的形式证明。只要一个论证是有效的，我们就一定能用一种机械化的方式来证明它是有效的。

来看这个看起来奇怪又复杂的例子：

1. 如果李四喜欢吃草莓或者张三喜欢吃草莓，那么草莓会涨价并且草莓盒子蛋糕会涨价。
2. 如果李四不喜欢吃草莓，那么，如果李四喜欢甜食那么李四不喜欢甜食。
3. 草莓不会涨价。
因此，4. 李四不喜欢甜食。

我们可以将这个论证翻译成：

1. $(p \lor q) \to (r \land s)$
2. $\neg p \to (t \to \neg t)$

3. ¬r

因此，4.¬t

理论上，我们可以创造一个蕴涵式，其前件是前提的合取，后件是结论。然后，通过画真值表，我们一定能算出这个式子是不是重言式。如果是重言式，这个论证就是有效的，否则就是无效的。

不过，我们也可以用形式证明的方法来判断。在形式证明中，我们给每个步骤都标记上序号，同时用括号来备注每一个步骤是如何得来的。

1. (p∨q) → (r∧s)　（这是前提中给出的已知信息）

2. ¬p→ (t→¬t)　（这是前提中给出的已知信息）

3. ¬r　（这是前提中给出的已知信息）

4. ¬r∨ ¬s　（在3的基础上用析取引入律就能得到4）

5. ¬ (r∧s)　（在4的基础上用德·摩根律就能得到5）

6. ¬ (p∨q)　（在1和5的基础上用否定后件就能得出6）

7. ¬p∧ ¬q　（在6的基础上用德·摩根律就能得出7）

8. ¬p　（在7的基础上用合取消除律就能得出8）

9. t→ ¬t　（在2和8的基础上用肯定前

件就能得出 9）

10. ¬t∨¬t　　　　　（在 9 的基础上用实质蕴涵律

就能得出 10）

11. ¬t　　　　　　　（在 10 的基础上用重言律就能

得出 11）

你看巧不巧，上述形式证明的最后一步——11，刚好也就是我们要得出的结论 ¬t。这就说明了 1、2、3 组合在一起，是可以推理出 ¬t 的。

当然，从 1 到 11 的过程并不是巧合，而是经过了缜密的推理。

当我们得知"1.（p∨q）→（r∧s）""2.¬p→（t→¬t）""3.¬r"，想要推理出"4.¬t"这个结论时，我们应该怎么推理呢？

先设想，要得出这个结论，需要什么前提？ 2 当中的（t→¬t）经过简单变形就能得到 ¬t。要想从 2 当中得出（t→¬t），我们需要肯定前件，也就是需要 ¬p。¬p 怎么得出来呢？只能在 1 里面做文章。如果否定（p∨q），就能得出 ¬p。而要否定（p∨q），就要否定（r∧s），从而用否定后件来否定前件。那么，我们需要得出一个 ¬（r∧s）来。这个 ¬（r∧s）怎么得来呢？通过 3 中的 ¬r 得来。

有了这个思路，再按照严格的顺序把证明过程写出来，就完成了形式证明。

不难看出，形式证明是一个异常严谨的过程，每一个步骤都有讲究。我们不能无缘无故地得出 9 来，而要在 2 和 8 的基础上，运用公认的规则来得出 9。我们也不能无缘无故地得出 2 和 8

来，8 是通过 7 得出的，2 则是论证中假定为真的前提。7 又是通过其他命题得出的。

在我们日常生活中说话和写作时，别人一般都不会要求我们以形式证明这么严格的方式来给出论证。但如果你能学会形式证明，能以严谨的方式做出推理和论证，那么你的推理一定能让人心服口服。

在论证逻辑部分，我们已经学到了论证格式，它其实和形式证明很相似。我们以一个论证格式为例：

1. 我是你妈。（假定的事实类命题）

2. 一个人的父母比这个人更擅长 X 领域。（假定的事实类命题）

3. 我说的话属于 X 领域。（假定的事实类命题）

4. 我没有说假话的倾向。（假定的事实类命题）

5. 没有其他擅长 X 的人给出了不同的建议。（假定的事实类命题）

6. 如果一个人擅长某个领域，其说的话属于该领域，此人没有说谎的倾向，且暂时没有其他专家给出不同的建议，那么这个人说的话是值得相信的。（假定的价值类命题）

因此，7. 你应该听从我说的话。（由 1、2、3、4、5、6 推出的政策类命题）

这个从 1 推到 7 的论证格式，和前文介绍的从 1 推到 11 的形式证明有一些相似之处：

（1）每一句话都有序号标记，方便我们在分析和评价它们时用简短的序号来指代，节约时间。

（2）每一句话后面都用括号备注来源信息，方便我们知道它们是如何得来的，以评价推理过程是否有效。

（3）一般情况下，如果序号较小的句子可以接受，那么序号较大的句子也可以接受。换言之，论证一般是有效的。在形式证明中，如果论证无效，就说明有某处推理错了；在论证格式中，如果论证无效，就需要补充一些隐含前提，将其改写成有效的。

两者间也存在一些差异：

（1）形式证明中的句子是抽象的逻辑符号；论证格式中的句子是自然语言中的句子。

（2）形式证明的推理过程涉及九种有效推理形式和十种等值推理形式。论证格式一般只涉及肯定前件式、否定后件式、假言三段论、析取三段论这四种形式，常常甚至只用到了肯定前件式。

（3）在论证格式中，要建立一个能有效支持结论的论证，一般要根据论者的意图补充许多隐含命题。在形式证明中，往往利用前提中的已知条件就够了。

如果你能学会形式证明，那么熟练运用论证格式一定不难。如果你更关注逻辑学在日常生活中的应用，而不是在考试或学术研究中的应用，那么你只需要简单了解形式证明，打下一定的基础，更重要的是掌握论证格式。

练 习

请试着用形式证明的方式，重新表述这个论证：

1. 如果张三对这本书感兴趣，并且张三知道这本书已经可以买到，张三就会买这本书。
2. 张三没有买这本书。
3. 张三对这本书感兴趣。

因此，4. 张三不知道这本书已经可以买到。

本章的关键词 —————————————————————

重言式（tautology）：又叫永真式。如果一个逻辑公式在任何解读下都为真，那么这个逻辑公式就是重言式。

真值表（truth table）：帮助我们检查一个逻辑公式是否为重言式的工具。可以用软件绘制。

可靠性（soundness）：一个论证是可靠的，当且仅当它是有效的并且它的前提都是真的。

形式证明（formal proof）：形式证明是一组有限数量的成序列的句子，这组句子中的每一个句子要么是公理，要么是假设，要么是由之前的句子根据一定规则推理出来的句子。

[第 10 章]
CHAPTER10

谓词逻辑
更完善的现代逻辑语体系

当我们说"信言不美，美言不信"时，我们想表达的是什么意思？

我们可能想说可信的话并不美妙动听，美妙动听的话并不可信。但学了逻辑语之后，我们会发现这句话缺少量词，以至于它没有明确的真值条件。这句话有四种可能的解读：

（1）所有可信的话并不美妙动听，所有美妙动听的话并不可信。

（2）所有可信的话并不美妙动听，有些美妙动听的话并不可信。

（3）有些可信的话并不美妙动听，有些美妙动听的话并不可信。

（4）有些可信的话并不美妙动听，所有美妙动听的话并不可信。

（1）和（3）这两种解读更可能符合老子的本意。但（1）这种解读显然是错误的，假设我是个貌比潘安的美人，有人夸奖我是美人，那么这夸奖我的话，既可信又美妙动听。假设我对物理学情有独钟，我看到麦克斯韦方程组时便觉得其妙不可言，那么对我来说，麦克斯韦方程组同时属于信言和美言。

而（3）这种解读，很可能是合理的：的确存在忠言逆耳的现象，也存在花言巧语的情况。只是，（3）这种解读会导致"信言不美，美言不信"这句话不够具体，失去了对人生的指导价值。当我们遇到美妙动听的话时，我们怎么知道它属于"可信又美妙"的部分，还是属于"不可信但是美妙"的部分呢？

待我们掌握了谓词逻辑这套更完善的现代逻辑语之后，我们就能回答一个经典哲学句式："当我们谈论 X 时，我们究竟在谈论什么？" X 可以代表任何你认为重要的语词或语句，如"信言""美言""爱情""真理""科学""公正""罪恶""人生的意义""幸福的生活"……

从逻辑学家弗雷格出版《概念文字》一书的 1879 年算起，这套现代逻辑语已经诞生 100 多年了。它最早只被当时顶级的数学家、逻辑学家和哲学家所掌握，后来普及到了大学生，尤其是哲学系、数学系、计算机科学系的学生。而如今，中学生也开始学习一些粗浅的现代逻辑语了。未来，说不定小学生会像学语文和外语一样，也学习逻辑语。

我向每一个致力于学会逻辑思考的人，推荐这套现代逻辑语：谓词逻辑。学习谓词逻辑，不仅能提升逻辑思维能力，还能帮助我们形成良好的思维习惯：

• 比起输赢，更在乎认真。

- 确保重要的语词都有精确的定义。
- 将重要的隐含假设补充完整。
- 将空洞的泛泛之谈变成言之有物的具体判断。
- 以清晰、严谨的论证来说服他人，拒绝以模糊、晦涩的风格使人"不明觉厉"。

10.1 谓词逻辑的基本符号：一套近乎理想的逻辑语言

谓词逻辑是更精致的命题逻辑。在学习了命题逻辑的基础上，我们只需学习三个新东西，就能掌握谓词逻辑了。这三个新东西就是谓词逻辑中新出现的三种基本符号：个体词、谓词、量词。

其实对这三者我们也并不陌生。在古典逻辑中，我们已经学过了范畴与个例，个例和个体词相近，范畴和谓词相近。在学习直言命题时，我们也知道了有全称量词和特称量词这两种量词，对量词并不陌生。

现在，让我们先来大致了解一下，谓词逻辑这门逻辑语言里，究竟有哪些基本符号。

我们先来看一些句子（请先忽略后面括号里的内容）：

- 李老师是美女。（Ba）
- 张老师不是美女。（¬Bb）
- 所有老师都是美女。（∀x（Tx→Bx））

- 有些老师不是美女。($\exists x\,(Tx \wedge \neg Bx)$)
- 所有老师都喜欢美女。($\forall x \forall y\,(Tx \wedge By) \rightarrow Lxy$)

如果使用命题逻辑的符号，这 5 个命题就只能分别用 p、q、r、s、t 来代表了。但是，这 5 个命题内部似乎有某种结构，它们好像是由另一些更基本的部分组成的。有没有办法用更细致的方法来表达这些命题呢？

这就需要引入个体词、谓词以及量词。

◉ 个体词

在谓词逻辑中，个体词有两类，一类用小写的 a、b、c 等字母代表，另一类用小写的 x、y、z 三个字母来代表。这两类个体词有何不同呢？ a、b、c 用来表示确定的个体，而 x、y、z 则用来表示不确定的个体。前者叫个体常元，后者叫个体变元。

在英文里，有定冠词 "the" 和不定冠词 "a/an" 的区分。中文里虽然没有冠词，但我们也能根据语境知道自己谈论的是确定的个体，还是不确定的个体。例如，"我想吃苹果"里的"苹果"是不确定的个体，任何一个苹果都行，不一定非要是某个特定的苹果。而"我想吃那个苹果"里的"苹果"则是确定的个体，它特指说话人用手或眼神指着的那个苹果。

在"李老师是美女"和"张老师不是美女"这两句话中，假定李老师和张老师都特指确定的个体，而不是泛指姓李和姓张的老师，我们就用 a、b、c 等小写字母来代表它们。而在"所有老师是美女"和"有些老师是美女"中，我们并不特指某个特定的老师，所以我们用 x、y、z 来代表这些不确定的个体。

个体词比较容易理解，它们要么是确定的个体的名字，要么是不确定的个体的名字。

◎ 谓词

"李老师是美女"和"张老师不是美女"这两句话都是在断言某一个体是不是"美女"集合中的元素。此时，我们可以用大写字母 B 来表示"是美女"，用 Ba 来表示 a 这一个体是美女，用 ¬Bb 来表示 b 这一个体不是美女，用 Bx 来表示某个不确定的个体 x 是美女。

不难看出，谓词其实是一个函数。函数可以看作输入某些东西就输出某些东西的机器。我们常用 $f(x)=y$ 来表达某个函数，其中 x 是自变量，y 是因变量，f 就是函数关系。

假定李老师的名字就是 a，那么往函数 "B（ ）" 里输入 a，就能得到 Ba。所以，个体词就类似于函数里的自变量，谓词就类似于函数关系。

那么，函数里的因变量，在逻辑里对应着什么呢？对应的是两个值："真"和"假"，分别用 T 和 F 来表示。

"李老师是美女"中的"李老师"特指笔者，所以 Ba 这个函数的因变量就是"假"，因为我并不是美女，我甚至不是女性。假定张老师指女明星张曼玉，那么 Bb 这个函数的因变量就是"真"。既然 Bb 是真的，那么 ¬Bb 自然就是假的。

在谓词逻辑里，我们一般用大写字母表示某个谓词。谓词可能千奇百怪。以下是一些谓词的例子：

- "李老师是天才"可以用 Ga 表示。
- "李老师是草莓"可以用 Sa 表示。
- "李老师是大城市"可以用 Ca 表示。
- "李老师是会死的"可以用 Ma 表示。
- "李老师会游泳"可以用 Ya 表示。

你可能会认为一些例句很奇怪。"李老师是草莓"完全不合理，"李老师是大城市"更不合理。但现在，我们不用管这些话是否合理，现在的任务是理解如何将汉语翻译成谓词逻辑语。做翻译的时候，我们只分析，不评价。我们只看一句话是什么意思，不去管这句话说得对不对。

上面的例句，都表示某一个体有某一种特征或属性，所以只出现了一个个体词。不过，谓词这个函数中不仅能填入一个个体词，还可以填入多个个体词。如果一个谓词只能填入一个个体词，我们就把这个谓词叫作一元谓词；如果能填入两个个体词，就叫二元谓词；依次类推，还有三元谓词、四元谓词、五元谓词……

下面是一些二元谓词的例子：

- "李老师喜欢张老师"可以用 aLb 来表达，通常把谓词放在最左边，用 Lab 来表达。Lba 的意思是"张老师喜欢李老师"。
- "李老师住在北京"可以用 Zac 来表达。Zca 的意思是"北京住在李老师"。
- "李老师是孟子的朋友"可以用 Fam 来表达。Fma 的意思是"孟子是李老师的朋友"。

- "孟子比张老师更高大"可以用 Tmb 来表达。Tbm 的意思是"张老师比孟子更高大"。

下面是一些三元谓词的例子：

- "李老师允许张老师喜欢孟子"可以用 Aabm 来表达。Abma 的意思是"张老师允许孟子喜欢李老师"。
- "李老师住在沈阳和成都之间"可以用 Jasd 来表达。Jdsa 的意思是"成都住在沈阳和李老师之间"。
- "李老师将月亮送给张老师"可以用 Dalb 来表达。Dlba 的意思是"月亮将张老师送给李老师"。

例子就举这么多，字母表都快不够用了。如果你真的遇到字母表不够用的情况，可以在字母旁边加下标，也可以用希腊字母。

从上面这些例子中，我们不难发现，单单一个谓词并不是一个完整的命题，要在这个谓词里填入个体词，才能让命题更完整。但是，如果填入的是 x、y、z 这三个表示不确定个体的词，情况会怎样呢？

- Sx 表示某个东西 x 是草莓。Mz 表示 z 是会死的。Yy 表示 y 会游泳。
- Lxx 表示 x 喜欢 x。Fzy 表示 z 是 y 的朋友。Zzx 表示 z 住在 x。
- Dxyz 表示 x 将 y 送给 z。Azyx 表示 z 允许 y 喜欢 a。Jyyy 表

示 y 住在 y 和 y 之间。

可见，如果谓词里填入的是 x、y、z，依然不能形成完整的命题。我们并不能判断 Sx、Fzy、Dxyz 究竟是真是假，此时就需要量词来约束个体变元。

◉ 量词

在谓词逻辑里，量词有两个：全称量词 ∀ 和存在量词 ∃。∀ 是倒过来的 A（"All" 的首字母），∃ 是反过来的字母 E（"Exist" 的首字母）。

"所有老师都是美女" 这句话，用谓词逻辑的语言来表达，就是 ∀x（Tx→Bx），一般读作 "对于所有的 x，如果 x 有属性 T，那么 x 有属性 B"。由于 T 的意思是 "是老师"，B 的意思是 "是美女"，所以这个公式也可以读作 "对于所有的 x，如果 x 是老师，那么 x 是美女"。"对于所有 x" 也可以说成 "对于任意 x"。

"有些老师是美女" 这句话，用谓词逻辑的语言来表达，就是 ∃x（Tx∧Bx），一般读作 "存在至少一个 x，x 有属性 T 并且 x 有属性 B"。有了 B 和 T 的具体解释后，就可以读作 "存在至少一个 x，x 是老师并且 x 是美女"。"存在至少一个 x" 也可以简称为 "存在 x"。

你可能会问，为什么 "李老师是美女" 可以简单地用 Ba 来表达，而 "所有老师都是美女" 却要用 ∀x（Tx→Bx）这个复杂的公式来表达呢？这是因为 "所有老师都是美女" 本来就是一个比"李老师是美女"更复杂的命题。"李老师是美女"仅仅是在判断某一确定个体是不是某个集合的元素，而"所有老师都是美女"则是在判断某一集合的元素是否全部都是另一集合的元素。后者的工作量要大多了。

同理，"我想吃苹果"可以用 ∀x（Ax→Xax）表示，读作"对于任意 x，如果 x 有属性 A，那么 a 和 x 之间有 X 关系"。这里的属性 A 就是"是苹果"，X 关系就是"想吃"。而"我想吃那个苹果"中的"那个苹果"是确定的个体，可以直接用 b 表示，此时可以直接用 Xab 来表示 a 想吃 b。

你可能还想问，为什么"所有老师都是美女"用蕴涵式来表达，而"有些老师是美女"则用合取式呢？它们看起来很相似，但用谓词逻辑的语言表达，为什么差异这么大？这是因为这两句话的逻辑含义，本来就有很大差异。只是自然语言中相似的表达，让人们误以为这两个命题很相似。

"所有老师都是美女"可以看作一个很长的合取式。假如我们给每一个老师都取名字，那么我们可以用"Ba∧Bb∧Bc∧Bd∧……"这个很长的合取式来表达这个全称命题。合取式为真，要求组成这个合取式的所有命题都为真。

而"有些老师是美女"并不是合取式，而是析取式。我们只能用"Ba∨Bb∨Bc∨Bd∨……"这个很长的析取式来表达"某一个老师是美女"这个特称命题。析取式为真，只要求组成这个析取式的某一个命题为真即可。

我们再来看"所有老师都不是美女"和"有些老师不是美女"这两个命题，它们该如何表达呢？只需要在谓词的旁边加上否定

"¬"这个逻辑联结词即可。

　　"所有老师都不是美女"就是 $\forall x\,(Tx \to \neg Bx)$。
　　"有些老师不是美女"就是 $\exists x\,(Tx \wedge \neg Bx)$。

　　"并非所有老师都是美女"和"并非有些老师是美女"这两个命题，又该如何表达呢？同样要加上否定，只是加的位置不同，这次是要加在量词的旁边。

　　"并非所有老师都是美女"就是 $\neg \forall x\,(Tx \to Bx)$，读作"并非对于任意 x 来说，如果 x 是老师，那么 x 是美女"。
　　"并非有些老师是美女"就是 $\neg \exists x\,(Tx \wedge Bx)$，读作"不存在 x，x 是老师且 x 是美女"。

　　如果你觉得在量词旁边加否定符号比较麻烦，不好理解，那么我们可以利用下面四个等值推理形式，再加上之前学过的等值推理形式，将量词旁边的否定符号移动到谓词旁边。
　　假设 F 代表"是芳香的"，而"东西"表示最广义的代词，那么：

- $\forall xF(x) \dashv\vdash \neg \exists x \neg F(x)$。说"所有东西都是芳香的"，相当于说"不存在不芳香的东西"。
- $\neg \forall xF(x) \dashv\vdash \exists x \neg F(x)$。说"并非所有东西都是芳香的"，相当于说"存在不芳香的东西"。
- $\exists xF(x) \dashv\vdash \neg \forall x \neg F(x)$。说"存在芳香的东西"，相当于说"并非所有的东西都是不芳香的"。
- $\neg \exists xF(x) \dashv\vdash \forall x \neg F(x)$。说"不存在芳香的东西"，相当于

说"所有的东西都是不芳香的"。

以"并非有些美女是老师"为例，这句话翻译成的式子是 $\neg\exists x(Bx \wedge Tx)$，先用上述等值推理把它变成 $\forall x\neg(Bx \wedge Tx)$；再用德·摩根律，变成 $\forall x(\neg Bx \vee \neg Tx)$；再用实质蕴涵律，变成 $\forall x(\neg\neg Bx \to \neg Tx)$；消去双重否定，变成 $\forall x(Bx \to \neg Tx)$。

$\forall x(Bx \to \neg Tx)$ 的意思就是，对于任意 x 来说，如果 x 是美女，那么 x 不是老师。通俗地说，就是"所有美女都不是老师"，这和"并非有些美女是老师"是一回事。

学习了谓词逻辑的语言之后的我们，就比只掌握命题逻辑的自己更强大了。来看一个之前做过的练习题："知识就是力量。力量使人自大。所以，知识使人自大。"这三句话怎么用谓词逻辑的语言来表达呢？

1. 知识就是力量：$\forall x(Kx \to Px)$，对于任意 x，如果 x 是知识，那么 x 是力量。

2. 力量使人自大：$\forall x(Px \to Ex)$，对于任意 x，如果 x 是力量，那么 x 是使人自大的东西。

3. 知识使人自大：$\forall x(Kx \to Ex)$，对于任意 x，如果 x 是知识，那么 x 是使人自大的东西。

复　习

（1）与命题逻辑相比，谓词逻辑额外包含了个体词、谓词、量词。

（2）个体词有两种，一种是用 a、b、c 等小写字母表示的个体常元，另一种是用 x、y、z 表示的个体变元。

（3）谓词类似于函数关系，我们需要在谓词中填入个体词，才能得到更完整的命题。

（4）一元谓词，如 Fx，一般读作 x 有属性 F。二元谓词，如 Fxy，一般读作 x 和 y 有 F 关系。更多元的谓词的读法与二元谓词是一样的，如 Fxyz 读作 x、y、z 有 F 关系。多元谓词中，个体词的顺序不能随意改动，否则意思就会发生改变。

（5）量词用来约束个体变元。谓词逻辑里有两种量词：全称量词 ∀ 和存在量词 ∃。∀x 读作"对于所有 x"或者"对于任意 x"，∃x 读作"存在至少一个 x"或者"存在 x"。你也可以使用古典逻辑中的读法，读作"所有"和"有些"。

（6）如果要把量词旁边的否定符号移动到谓词旁边，我们会用到四个等值推理形式：$\forall x F(x) \mathbin{+\!\!+} \neg \exists x \neg F(x)$；$\neg \forall x F(x) \mathbin{+\!\!+} \exists x \neg F(x)$；$\exists x F(x) \mathbin{+\!\!+} \neg \forall x \neg F(x)$；$\neg \exists x F(x) \mathbin{+\!\!+} \forall x \neg F(x)$。此外，还要用到命题逻辑中的等值推理形式。

10.2 谓词："美丽的皮囊"与"你认为美丽的皮囊"

俗话说，美丽的皮囊千篇一律，有趣的灵魂万里挑一。虽然我与你素未谋面，不知你的皮囊是否美丽，但我相信，你的灵魂一定万里挑一，否则你不会有耐心学习现代逻辑。学习了这么多，我们不妨试着用谓词逻辑的语言，来翻译一下"美丽的皮囊千篇一律，有趣的灵魂万里挑一"吧。

有人以为，可以这样翻译：

"美丽的皮囊千篇一律"就是说对于任意 x，如果 x 是美丽的皮囊，那么 x 是千篇一律的。

"有趣的灵魂万里挑一"就是说对于任意 x，如果 x 是有趣的灵魂，那么 x 是万里挑一的。

只要把这两个句子合取起来，就完成了翻译：$\forall x(Mx \rightarrow Qx) \wedge \forall x(Yx \rightarrow Wx)$。

这样翻译，实际上是把"有美丽的皮囊"看作一个一元谓词 M，把"是千篇一律的"看作一个一元谓词 Q，把"有有趣的灵魂"看作一个一元谓词 Y，把"是万里挑一的"看作一个一元谓词 W。但它们真的都是一元谓词吗？

以"有美丽的皮囊"为例，它其实和"美丽"等价。如果把"美丽"看作一元谓词，看作个体的属性，那么如果要判断"张三是美丽的""北京是美丽的""芭蕾舞是美丽的""西红柿鸡蛋面是美丽的"是否为真，我们就需要去研究和观察张三、北京、芭蕾舞、西红柿鸡蛋面这些个体常元或个体变元是否具有"美丽"这一属性。

此时我们会发现，这种研究和观察注定是徒劳的，因为人与人之间有着很大的审美差异。有人认为单眼皮更美，有人认为双眼皮更美；有人认为瘦的人比较美，有人认为胖的人比较美；有人认为长发比较美，有人认为短发比较美。

所以，"美丽"真的是一个一元谓词吗？它真的是个体的属性吗？

其实，"美丽"更像一个二元谓词，它表达的是个体之间的关系。我们可以用 Mab 来表示 a 认为 b 美。

同理，"有趣"也更像二元谓词，它描述的不是某些个体具有"有趣"这种属性，而是一种个体之间的关系，即某些个体认为另一些个体有趣。我们可以用 Yab 来表示 a 认为 b 有趣。

让我们再突破一下常识。我们通常认为"是美味的""是绿色的""是冰凉的""是品德高尚的""是符合道德的""是体面的""是礼貌的""是高价值的""是卑劣的"等谓词，都是一元谓词。毕竟，它们在自然语言里，看起来都像一元谓词。但它们真的是一元谓词吗？

对于同一盆水，如果你在把双手放入之前，先把左手放入热水，右手放入冰水，那么你的左手可能会感到这盆水是冰凉的，右手可能会感到这盆水是温热的。

对于同一道菜，比如麻辣土豆片，可能有人觉得很美味，有人觉得很难吃。

对于同一个人、一种行为、一个物品，有人会给出很高的评价，有人则会给出很低的评价。

就连"是绿色的"这个看起来很典型的一元谓词，也不一定是一元谓词。例如，一块你认为是绿色的布，在红绿色盲者的眼中，或者在四色视者的眼中，就不一定是绿色的。

在日常生活中，我们经常把二元谓词缩写成一元谓词。这样做有时候会节约人际沟通的时间，但有些时候，某些人把二元谓词缩写成一元谓词，是因为他们想把自己的想法装进你的脑袋里。

假设有人说，弹钢琴是一项很优雅的活动，那么你可能觉得弹钢琴是"优雅活动集"中的元素，于是花了很多时间、精力和金钱去学习弹钢琴。到头来，你可能发现真相是当初说这话的人希望你这么想，因为那人恰好是教钢琴的老师，钢琴生产者或销售工作者。

假设有人说，某支口红是每个女人都应该拥有的，某辆汽车是每个男人都应该拥有的，某顶帽子是每个人都应该拥有的。"每个 x 都应该拥有 y"看似是一个二元谓词，但实际上是一个三元谓词，即"z 认为每个 x 都应该拥有 y"。z 通常是一个承担推销工作的人，x 通常是潜在消费者，y 通常是一个实际价值不太高但标价很高的东西。

再来看一个更复杂的例子。"是坚固的"是一元谓词还是多元谓词呢？表面看来，"是坚固的"好像是一元谓词，我们常说"不锈钢是坚固的""钢化玻璃是坚固的""钢筋混凝土墙是坚固的"。但实际上，"是坚固的"更像是一个三元谓词。我们说" x 是坚固的"，一般是说" x 抵抗 y 的破坏的能力是令 a 满意的"，例如，"盾牌抵御长矛的能力是令将军张三满意的"，所以这个将军会说"盾牌是坚固的"。如果要抵御的 y 不是长矛，而是火炮，那么盾牌这个 x 就不够坚固了，可能钢筋混凝土墙才算坚固。而如果要保护的不只是人，还有精密仪器，那么钢筋混凝土墙可能还不够坚固。所以"钢筋混凝土墙抵抗火炮轰击的能力是令总工程师李四满意的"这个命题就不一定为真，李四可能会认为"地下深处的钢铁堡垒才是坚固的"。

你可能会问，为什么要区分一元谓词和多元谓词呢？因为区分一元谓词和多元谓词能让我们明白，该怎么调查那些命题究竟是真是假。

　　如果是一元谓词，例如 Fa，那么我们只需要调查 a 有没有 F 属性即可。如果有，则 Fa 为真，否则就为假。

　　如果是二元谓词，例如 Fab，我们就需要调查 a 和 b 之间有没有 F 关系。如果有，则 Fab 为真，否则就为假。

　　如果是三元谓词，例如 Fabc，我们就需要调查 a、b、c 之间是否有 F 关系。如果有，则 Fabc 为真，否则就为假。

　　当然，如果你的目标是向别人推销某种思想观念、行为模式、物品、生活方式，那你自然会希望别人将"是值得学习的""是优质的""是正确的""是合理的""是体面的""是值得购买的""是值得赞扬的"等谓词，当作一元谓词。这样一来，别人就不会思考你与那些思想观念、行为模式、物品、生活方式之间的关系，你的推销就更有可能成功。

　　如果我们的目标不是推销某种东西，而是掌握逻辑学的语言，将自然语言翻译成清晰且精确的逻辑语句，将自然语言中的论证变成严谨的逻辑论证，并判断这些论证究竟有效还是无效，那么，我们就要学会区分一元谓词和多元谓词。

　　在认识到"是美丽的""是有趣的"其实更像多元谓词而不是一元谓词后，我们假定"是皮囊"和"是灵魂"是一元谓词，同时假定"是千篇一律的"和"是万里挑一的"是二元谓词。那么，"美丽的皮囊千篇一律，有趣的灵魂万里挑一"这句话该怎么翻译成谓词逻辑语言呢？

　　应该翻译成：$\forall x(Px \wedge Max \rightarrow Qax) \wedge \forall x(Lx \wedge Yax \rightarrow Wax)$。对于任意 x，如果 x 是皮囊并且 a 认为 x 是美丽的，那么 a 认为 x 是千篇一律的；对于任意 x，如果 x 是灵魂并且 a 认为 x

是有趣的，那么 a 认为 x 是万里挑一的。a 指说出这句话的那个人。

练 习

请将下列句子翻译成谓词逻辑的语言：

（1）爱和恨都是盲目的。

（2）如果一件事情不值得做，那么它不值得做好。

（3）学而不思则罔，思而不学则殆。

（4）不成熟的人无法理解白酒的美味。

（5）成熟的人不会上酒商的当。

10.3 量词：哪些狗是哪些人的朋友

有人认为，狗是一种颇具灵性的动物，狗能理解人的意图，能帮人看家护院、打猎、缉毒、寻人，甚至能担任盲人的生活助理。所以，这些人在看到其他人吃狗肉时，往往痛心不已。他们可能会说：狗是人类的朋友，所以人类不应该吃狗肉。

我们已经学习了谓词逻辑的语言。此刻该运用逻辑学的思维方式，考察一下"狗是人类的朋友，所以人类不应该吃狗肉"这个论证是否有效。

先考虑一下，这两句话里的谓词，分别是什么呢？

"狗是人类的朋友"中包含一个二元谓词，即"……是……的朋友"。可以用"Fxy"表示 x 是 y 的朋友。

"人类不应该吃狗肉"中也包含一个二元谓词，即"……不应该吃……"。可以用"Exy"表示 x 可以吃 y，用"¬Exy"表示 x 不应该吃 y。

仅仅看谓词，我们就能发现这个论证一定是无效的，因为结论中突然多出一个 E 来，而前提中完全没有提到 E。逻辑学可不是魔法，绝不能无中生有，结论中不能突然多出前提中没有的东西。

不过，让我们以善意来揣测说出这个论证的人。假定说出这个论证的人，为了节约时间，省略了一个前提："人类不应该吃朋友的肉。"这样一来，从"狗是人类的朋友"和"人类不应该吃朋友的肉"这两个前提，似乎就能推理出"人类不应该吃狗肉"这个结论了。如果仅有第一个前提或第二个前提其中之一，都是不足以推出结论的。

接下来，让我们想一想，如何将这个论证翻译成谓词逻辑的语言，并检验这个论证是否有效。

"狗是人类的朋友"这句话里，"狗"和"人类"都是不确定的个体，所以要用 x 和 y 来表达。这句话应该翻译成（Dx∧Hy）→Fxy，读作"如果 x 是狗且 y 是人，那么 x 是 y 的朋友"。这个公式里出现了 x 和 y，却没有出现约束 x 和 y 的量词，我们无法判断这个公式是真还是假。此时，究竟应该用全称量词还是存在量词呢？

这是不确定的。我们把四种可能都写出来：

（1）所有狗是所有人类的朋友：∀x∀y（（Dx∧Hy）→Fxy）。

对于任意 x 和任意 y 来说，如果 x 是狗并且 y 是人，那么 x 是 y 的朋友。

（2）所有狗是有些人类的朋友：∀x∃y（（Dx∧Hy）→Fxy）。对于任意 x 来说，都存在 y，如果 x 是狗并且 y 是人，那么 x 是 y 的朋友。

（3）有些狗是所有人类的朋友：∃x∀y（（Dx∧Hy）→Fxy）。存在 x，对于任意 y 来说，如果 x 是狗并且 y 是人，那么 x 是 y 的朋友。

（4）有些狗是有些人类的朋友：∃x∃y（（Dx∧Hy）→Fxy）。存在 x，也存在 y，如果 x 是狗并且 y 是人，那么 x 是 y 的朋友。

上述四句话，哪些话是真的，哪些话是假的呢？

（1）不太可能是真的，它要求任意挑选一个人且任意挑选一只狗，那只狗必须是那个人的朋友。假设刚好挑选出了我，并且挑出了一条澳大利亚的长相凶猛的狗，我和那只狗都不认识，能说那只狗是我的朋友吗？

（2）有较小可能是真的，它要求任意挑选出一只狗，这只狗一定是某一个人的朋友。如果存在一个狂热的爱狗人士，他把世界上所有狗都当作自己的朋友，那么（2）就是真的。

（3）也不太可能是真的，它要求这个世界上有至少一只人见人爱的狗，所有人都把它当作自己的朋友。但是，如果有一个很讨厌狗的人，他不把地球上的任何一只狗当作朋友，那么（3）就是假的。

（4）很可能是真的，它的要求不高，只要求世界上至少存在一只狗和一个人，那只狗是那个人的朋友。

考虑完"狗是人类的朋友"，我们来看第二个前提"人类不应该吃朋友的肉"。这句话也没有量词，但我觉得它应该暗含了全称量词，也就是"所有人都不应该吃所有朋友的肉"，翻译成 $\forall x \forall y (Fxy \rightarrow \neg Eyx)$，即对于任意 x 和任意 y 来说，如果 x 是 y 的朋友，那么 y 不应该吃 x。

这句话是否为真呢？也许，在某些文化中，人们会在亲人、朋友死后吃逝者的肉，这样逝者就能永远活在他们的心中，与他们同在。这也许是一种特殊的丧葬仪式。在这个文化群体中，"所有人都不应该吃所有朋友的肉"是假的，反而"所有人都应该吃所有朋友的肉"才是真的。

不过，就让我们先假定"所有人都不应该吃所有朋友的肉"这句话为真吧。毕竟，上述那样的文化群体很罕见，绝大多数人都不吃朋友的肉。

最后，我们来看结论"人类不应该吃狗肉"。这句话也没有量词，它也有四种可能的含义：

（1）所有人不应该吃所有狗的肉，翻译成 $\forall x \forall y ((Dx \wedge Hy) \rightarrow \neg Eyx)$。

（2）有些人不应该吃所有狗的肉，翻译成 $\forall x \exists y ((Dx \wedge Hy) \rightarrow \neg Eyx)$。

（3）所有人不应该吃有些狗的肉，翻译成 $\exists x \forall y ((Dx \wedge Hy) \rightarrow \neg Eyx)$。

（4）有些人不应该吃有些狗的肉，翻译成 $\exists x \exists y ((Dx \wedge Hy) \rightarrow \neg Eyx)$。

那么，这四个结论中，究竟哪一个是真的呢？这就取决于第一个前提的几种可能含义的真假。对于"狗是人类的朋友"，我们认为，"有些狗是有些人类的朋友"是真的，"所有狗是有些人类的朋友"有较小可能性是真的，而另外两种可能的含义，即"所有狗是所有人类的朋友"和"有些狗是所有人类的朋友"，则几乎肯定是假的。

如果假定"所有人都不应该吃所有朋友的肉"是真的，那么我们就可以合理地推论出，"有些人不应该吃有些狗"是真的，"有些人不应该吃所有狗"有较小可能性是真的，而"所有人不应该吃所有狗"和"所有人不应该吃有些狗"，则几乎肯定是假的。

这就是量词的作用。如果没有量词，我们就不知道"狗是人类的朋友"和"人类不应该吃狗肉"究竟是真还是假。这是因为，如果不用量词约束个体变元，那么整个句子就不是完整的命题，无法确定真假。

有的读者可能会觉得，"狗是人类的朋友"其实想表达的是一个类似于"男人比女人高"的意思。"男人比女人高"不是指所有男人比所有女人高，不是指所有男人比有些女人高，不是指有些男人比所有女人高，也不是指有些男人比有些女人高。"男人比女人高"似乎是想表达成年男性的平均身高数值大于成年女性的平均身高数值。同理，"狗是人类的朋友"也可能是想说"平均狗是平均人类的朋友"。

但是，"平均狗是平均人类的朋友"这种说法也太奇怪了吧！我们真能在现实生活中找到这样的"平均人"吗？我和世界首富的平均资产多得惊人，但我在自己的钱包里却没有发现任何"平均资产"。这种"平均"没有什么意义。

所以，量词的作用不可忽视。正是量词的存在，让许多没有真假的不完整的句子找到了属于自己的量词"伴侣"，最终成为完整的命题。

练 习

请将下列句子翻译成谓词逻辑的语言：

（1）每一个圣人都有过去，每一个罪人都有未来。

（2）每当大家都赞同我时，我就觉得我错了。

（3）只有能被我们说服的人才是通情达理的人。

（4）真正的预言家能让所有人都忘记他预言不成功的时候。

（5）敌人的阻挠可以忍受，朋友的成功不能忍受。

10.4 "中翻逻"：将自然语言翻译成谓词逻辑语言

翻译是一门艺术。我们把将英语翻译成汉语称为"英翻中"，把将富含专业术语的汉语翻译成通俗浅白的汉语称为"教学"，把将脑中不成文的思想翻译成某种自然语言称为"说话"或"写作"。而将自然语言翻译成逻辑语言的过程，称为"逻辑分析"，通俗地说就是"中翻逻"。

在学习古典逻辑时，我们学习了如何将自然语言翻译成直言命题。学习现代逻辑，我们也要学会如何将自然语言翻译成现代逻辑语言。

由于要展示的例句很多，可能会出现同一个大写英文字母代表不同谓词的情况，我也不去一一解释大写字母代表什么谓词了，请你见谅。

我们先来看看，A、E、I、O 这四类直言命题分别该如何翻译。

全称肯定命题（A）要翻译成一个蕴涵式：

"所有女人都是水做的"翻译成 $\forall x\,(Nx \rightarrow Sx)$，读作"对于任意 x，如果 x 是女人，那么 x 是水做的"。

全称否定命题（E）也要翻译成蕴涵式：

"所有女人都不是泥巴做的"翻译成 $\forall x\,(Nx \rightarrow \neg Dx)$，读作"对于任意 x，如果 x 是女人，那么 x 不是泥巴做的"。

特称肯定命题（I）要翻译成合取式：

"有些女人喜欢逻辑学"翻译成 $\exists x\,(Nx \wedge Yx)$，读作"存在 x，x 是女人并且 x 喜欢逻辑学"。

特称否定命题（O）也要翻译成合取式：

"有些女人不喜欢逻辑学"翻译成 $\exists x\,(Nx \wedge \neg Yx)$，读作"存在 x，x 是女人并且 x 不喜欢逻辑学"。

在翻译单称肯定命题和单称否定命题时，要用到个体常元：

- "万里长城万里长"翻译成 La，读作"万里长城是万里长的"。

- "蒯因是丹尼特的老师"翻译成 led，读作"蒯因和丹尼特有师生关系"。

有时我们想说某个东西存在，或某个东西不存在。"存在"并不是谓词，而是量词。看下面的案例：

- "独角兽不存在"翻译成 $\neg \exists x(Ux)$，读作"不存在 x，x 是独角兽"。
- "天底下没有免费的馅饼"翻译成 $\neg \exists x(Fx \wedge Xx)$，读作"不存在 x，x 是免费的且 x 是馅饼"。

在学习古典逻辑时，我们知道个例之间有两种关系，一种是等于，另一种是不等于。在谓词逻辑中，我们用等号和不等号来连接两个个体词。来看下面这些例子：

- "小明唯一爱的人就是小美"翻译成 $Lbc \wedge \forall x(Lbx \to x=c)$，读作"b（小明）爱 c（小美），并且对于所有 x 来说，如果 b 爱 x，那么 x 等同于 c"。
- "珠穆朗玛峰是世界最高峰"翻译成 $Ma \wedge \forall x((Mx \wedge x \neq a) \to Gax)$，读作"a（珠穆朗玛峰）是一座山，并且对于所有 x 来说，如果 x 是一座山并且 x 不等于 a，那么 a 比 x 高"。
- "最多可以有两个赢家"翻译成 $\forall x \forall y \forall z((Wx \wedge Wy \wedge Wz) \to (x=z \vee x=y \vee y=z))$，读作"对于所有 x、所有 y 以及所有 z 来说，如果 x 是赢家并且 y 是赢家并且 z 是赢家，那么要么 x 等于 z，要么 x 等于 y，要么 y 等于 z"。

- "最少有两个赢家"翻译成 $\exists x \exists y\,(Wx \wedge Wy \wedge x \neq y)$，读作"存在 x 和 y，x 是赢家，y 是赢家，并且 x 不等于 y"。

- "有且只有两个赢家"翻译成 $\exists x \exists y\,((Wx \wedge Wy \wedge x \neq y)\,\wedge$ $\forall z\,(Wz \to\,(z{=}x \vee z{=}y)))$，读作"存在 x 和 y，x 是赢家，y 是赢家，x 不等于 y，并且对于所有 z，如果 z 是赢家，那么 z 要么等于 x，要么等于 y"。有且只有两个赢家相当于最多有两个赢家并且最少有两个赢家。

按照这个思路，我们也可以翻译"小明有且只有 4 个梦中情人"和"这个光盘里有且只有 30 部电影"，只是翻译成的式子会非常长，不建议你去尝试。

我们再多看一些翻译示例，试着形成谓词逻辑语的"语感"或"逻辑直觉"。

- "蛇是爬行动物"翻译成 $\forall x(Sx \to Px)$，读作"对于所有 x，如果 x 是蛇，那么 x 是爬行动物"。

- "蛇有毒"翻译成 $\exists x\,(Sx \wedge Dx)$，读作"存在 x，x 是蛇并且 x 是有毒的"。

- "大多数魔法少女都背负着拯救世界的使命"翻译成 $\exists x\,(Mx \wedge Sx)$，读作"存在 x，x 是魔法少女并且 x 有拯救世界的使命"。

- "不存在蓝色的天鹅"翻译成 $\neg \exists x\,(Tx \wedge Bx)$ 或者 $\forall x$ $(Tx \to \neg Bx)$，读作"不存在 x，x 是天鹅并且 x 是蓝色的"或者"对于所有 x，如果 x 是天鹅，那么 x 不是蓝色的"。

- "除非华佗转世，否则此子必死无疑"翻译成

∀x((Qx∧¬Cax)→Dbx)，读作"对于任意x，x是一种情况，并且华佗不在x情况中出现，那么b就会在x情况下死亡"。

- "玫瑰花和菊花都是花"翻译成∀x((Mx∨Jx)→Hx)，读作"对于所有x，如果x是玫瑰或者x是菊花，那么x就是花"。

- "你可以在所有时刻欺骗某些人"翻译成∀x(Tx→∃y(Hy∧Paxy))，读作"对于所有x来说，如果x是一个时刻，那么总是存在y，y是人并且a（你）能在x时刻欺骗y"。

- "你可以在有些时刻欺骗所有人"翻译成∃x(Tx∧∀y(Hy→Paxy))，读作"存在x，x是一个时刻，并且对于所有y，如果y是人，那么a能在x时刻骗y"。

- "你不能在所有时刻欺骗所有人"翻译成¬∀x(Tx→∀y(Hy→Paxy))或者∃x(Tx∧∃y(Hy∧¬Paxy))，读作"并非对于所有x，如果x是一个时刻，那么对于所有y，如果y是人，那么a能在x时刻欺骗y"，或者"存在x，x是一个时刻，并且存在y，y是人并且a不能在x时刻欺骗y"。

复　习

在将自然语言翻译成谓词逻辑语言时，我们需要注意：

（1）翻译全称命题时，要使用蕴涵式。

（2）翻译特称命题时，要使用合取式。

（3）翻译单称命题时，要用到个体常元。

（4）表述某个体有某种性质时，要用到一元谓词。

（5）表示某些个体之间有某种关系时，要用到多元谓词。

（6）某些句子看起来是在表达个体有某种性质，实际上是在表达个体之间有某种关系。

（7）表示某东西存在（或不存在）时，用存在量词（以及否定符号）。

（8）表示某些个体相等或不相等时，用等号和不等号。

（9）很多时候，我们会习惯性地省略量词。为了运用逻辑学的思维方式，我们需要纠正这种坏习惯。

（10）谓词逻辑这门语言，表面看起来很复杂，实际上只要反复练习，几乎所有人都能很快学会。至少，学习谓词逻辑比学英语简单很多。请对自己有信心，也多一些耐心。

本章的关键词 ——————————————————

谓词逻辑（predicate logic）：又叫一阶逻辑（first-order logic），是一种在数学、哲学、语言学、计算机科学等领域得到了广泛应用的数理逻辑系统。

个体变元（individual variable）：表示不确定的个体对象，常用 x、y、z 这三个小写字母表示。

个体常元（individual constant）：表示确定的个体对象，常用 a、b、c 等小写字母表示。

谓词（predicate）：在谓词逻辑中，谓词表示个体的性质或个体间的关系，常用大写字母表示。根据需要填入的个体词的数量，谓词可以分为一元谓词、二元谓词、三元谓词等。命题逻辑中的简单命题可以看作零元谓词。在日常生活中，人们时常将多元谓词误认成一元谓词。这可能是因为，人们希望别人只去检查所说的个体有无自己所说的性质，不希望别人去检查所说的个体和自己之间有无特殊的利益关系。

量词（quantifier）：谓词逻辑中有两种量词，一种是全称量词 ∀，另一种是存在量词 ∃。量词的作用是约束个体变元。在日常生活中，人们时常省略量词，这会导致一些语句没有明确的真假之分，这些语句也就不再是命题了。

形式逻辑

相信的自由与知道的能力

如果不专门从事逻辑学领域的研究，那么学习形式逻辑最大的用处，就是将逻辑学的思维方式应用到生活的各个领域，比如写作、演说、辩论、编程。

"形式逻辑"中的"形式"一词是和"内容"相对的概念。假设形式是一个容器，如一个杯子，那么内容就是杯子里的东西，可以是水、葡萄酒、咖啡、细沙……

在系统学习形式逻辑之前，我们早已拥有了一个"思考的形式"。这个形式里装的是"思想的内容"，也就是你从出生到今天所积累的所有想法。

在系统学习形式逻辑之后，我们便拥有了思考形式的鉴赏能力，拥有了设计和制造优质杯子的能力。我们能分辨好的形式和差的形式，也就能帮助自己和他人用好的形式来替换差的形式。

具体来说，我们能将不精确的自然语言翻译成精确的逻辑语言；我们能分辨有效的论证和无效的论证；我们还能搞清楚，在论证的结构上做出什么样的改进，才能使一个无效论证变得有效。这些能力加在一起，就叫"逻辑思维能力"。逻辑思维能力可以赋予我们知道的能力，帮助我们摆脱相信的自由。

乍看起来，"相信的自由"似乎是一件好事。为什么我们要摆脱相信的自由呢？每个人可以自由地决定自己相信什么和不相信什么，岂不美哉？例如，大家都可以自由地相信网友对各色商品的评价，相信父母的人生经验，相信远方的朋友告知的见闻，相信讲台上的老师给出的建议，相信在顶级期刊发表过多篇论文的知名学者的新书。

然而，"相信的自由"是很廉价的，几乎所有人都拥有相信的自由。知道的能力则是很珍贵的能力，只有极少数人在极少数领域中拥有知道的能力。

不同于"相信"，"知道"需要满足三个条件。我们知道某个命题，例如"三角形的内角和为 180 度""杀死张三的真凶是李四"或"宗教是一种适应性的文化演化产物"，除了要求我们相信这个命题之外，还要求这个命题为真，并且要求我们能给出充足的理由来支持这个命题为真。

给出充足的理由来支持某个命题为真的过程，就是论证。

假如小明和小强都相信，三角形的内角和是 180 度。

小明是这样想的：我觉得我的数学老师说的话很可信，我父母也都对我很好，他们是不会骗我的。所以，当我的数学老师和我的父母都告诉我三角形的内角和为 180 度时，我应该相信他们的话。

小强的结论和小明一样，但得出结论的过程很不一样。他是这样想的：过任意三角形顶点做底边的平行线，可知两个底角分别与其内错角相等，顶角与两个内错角刚好组成一个平角，也就是 180 度。

我们可以说，因为小强能给出好的论证，所以小强拥有知道的能力。而小明给不出好的论证，所以小明只拥有相信的自由。甚至，小强因为拥有知道的能力，反而失去了相信的自由。他知道三角形的内角和为 180 度，就不可能再相信三角形的内角和是 150 度。而小明还可以相信三角形的内角和为 150 度或者任意其他数值，只要他的数学老师和父母都这样告诉他，他就会相信。

形式逻辑的训练，能极大地增强知道的能力，也会极大地削弱相信的自由。有了这些训练，我们便不再能自由地相信那些不靠谱的论证，而能在不依赖专家、老师、家人、朋友的情况下，给出充足的理由来支持某个命题为真。

本书中拗口的专业术语、抽象的逻辑符号和公式、看起来死板且不通人情的规则，就像一个个沉重的哑铃。只要你反复举这些哑铃，你的力量就会慢慢变强。终有一天，这些哑铃就会显得不再那么沉重。

当然，在弱者面前，这些哑铃依然很沉重。当你成为逻辑强者时，你就能帮助逻辑弱者，给他们提供一些形式逻辑的训练资源或建议，帮助他们获得逻辑思维能力和习惯。

一套完整的形式逻辑训练，通常至少需要半年时间才能完成。所以，不要着急，罗马不是一天建成的。你可以从附录中找到一些视频课程和阅读书目。建议你用好视频资源，有老师讲解，也许比仅仅读书更有趣。

$\begin{bmatrix} \text{附录 A} \\ \text{APPENDIX A} \end{bmatrix}$

部分练习题参考答案

如果你认为某个练习题有多个正确答案，而你的答案和这里给出的答案不同，那么欢迎发邮件将你的答案告诉我。如果你认为某个练习题只有一个正确答案，并且这里给出的参考答案并非正确答案，那么我很希望你能发邮件将你的答案告诉我。我的邮箱是 Andy.Lee.9531@gmail.com。

1.3 论证的局限性：为什么有必要学习论证

（1）无法说服他人的例子：我曾试图说服他人相信"只用证伪主义标准来区分科学和伪科学是行不通的"，但他人并不觉得我的论证足够好。我还试图说服他人相信"星相、占卜、塔罗牌、算命等方法，都是无法成功预测人类行为模式和未来事件的"，但他人也不觉得我的论证足够好。而在大部分情况下，他人也都没能说服我放弃某个我深思熟虑过的结论。这可能是因为他人的论证不够好，也可能是因为我当时没有足够的知识来认识到他人给出的论证已经足够好，还可能是因为虽然我认识到了，但那个结论和我脑中根深蒂固的想法相冲突，因而我拒绝承认那是个足够好的论证。

（2）一些从事批判性思维教育的同行，因为知晓我在这个领域中的努力和积淀，似乎将我看作某种意义上的专家。当我被视作专家时，我在这个专业领域内给出一个结论，很可能在我说出理由之前，我的结论就已经被相信了。而我生性多疑，不仅不相信专家的意见，连自己脑中的想法都不确信，所以很少会在听到论证之前就相信或听从某个结论。除非时间紧迫且结论本身并不难以置信，否则我一般都会向自己或他人追问："你为什么这么想？你支持那个结论的理由是什么？"

1.4 区分不同语境中的论证：从复杂的现实对话中过滤信息

论证分析如下：

1. 人们拥有控制自己生活的基本权利。（假定的）

2. 人们拥有决定在何时结束自己的生命的权利。（由 1 推出的）

因此，3. 应该允许医生协助人们结束自己的生命。(由2推出的)

1. 杀人是不应该被允许的。(假定的)

2. 自杀是一种杀人。(假定的)

3. 自杀是不被允许的。(由1和2推出的)

因此，4. 医生协助人们自杀也是不被允许的。(由3推出的)

1. 自杀并不是一项法定罪行。(假定的)

2. 自杀是人们的权利。(假定的)

3. 自杀并不是一种杀人。(由1和2推出的)

因此，4. 医生协助人们实现自己的自杀权利，不算杀人。(由3推出的)

1. 不应该允许有智力上的障碍或严重抑郁的人决定在何时结束自己的生命。(假定的)

2. 允许医生协助自杀，将导致有智力上的障碍或严重抑郁的人被允许结束自己的生命。(假定的)

因此，3. 不应该允许医生协助自杀。(由1和2推出的)

1. 如果有一些法律上的限制，那么允许医生协助自杀便不会导致有智力上的障碍或严重抑郁的人被允许结束自己的生命。(假定的)

2. 这些法律上的限制是容易实现的。(假定的)

因此，3. 允许医生协助自杀，不一定将导致有智力上的

障碍或严重抑郁的人被允许结束自己的生命。(由1和2推出的)

1. 重视人的生命是我们最基本的价值观之一。(假定的)
2. 自杀是不重视人的生命的表现。(假定的)
3. 自杀违背了我们最基本的价值观。(由1和2推出的)
4. 如果一个行为违背了我们最基本的价值观，那么这个行为是不被允许的。(假定的)
因此，5. 自杀是不被允许的。(由3和4推出的)

1. 应该允许濒死的人有尊严地死去，而不是强迫他们忍受那些难以忍受的痛苦。(假定的)
2. 自杀可以让濒死的人有尊严地死去，不用忍受那些难以忍受的痛苦。(假定的)
因此，3. 应该允许人们自杀。(由1和2推出的)

1. 药物、姑息治疗和临终关怀可以缓解病人难以忍受的痛苦，自杀不是唯一能让病人脱离痛苦的方式。(假定的)
2. 如果有A方式能缓解人们难以忍受的痛苦，那么B方式对此不是必要的。(假定的)
因此，3. 自杀对于缓解病人难以忍受的痛苦来说，不是必要的。(由1和2推出的)

1. 如果允许医生协助死亡会削弱人们对于姑息治疗和临终关怀的支持，那么不应该允许医生协助死亡。(假

定的）

2. 允许医生协助死亡会削弱人们对于姑息治疗和临终关怀的支持。（假定的）

因此，3. 不应该允许医生协助死亡。（由1和2推出的）

1. 可以吸取荷兰的经验，使得允许医生协助死亡不削弱人们对于姑息治疗和临终关怀的支持。（假定的）

2. 吸取荷兰的经验，是可行的低成本措施。（假定的）

因此，3. 允许医生协助死亡，并不一定会削弱人们对于姑息治疗和临终关怀的支持。（由1和2推出的）

1. 允许医生协助死亡会节省很多投入临终关怀中的资源。（假定的）

2. 应该节省很多投入临终关怀中的资源。（假定的）

因此，3. 应该允许医生协助死亡。（由1和2推出的）

1. 基于金钱的考虑来做出这种关于生与死的决策，显然是不道德的。（假定的）

2. 不道德的事情是不应该做的。（假定的）

因此，3. 不应该基于金钱的考虑来决定是否应该允许医生协助死亡。（由1和2推出的）

1. 这笔钱可以用于其他形式的医疗保健，可以拯救其他生命。（假定的）

2. 基于金钱来做出这种关于生与死的决策，可以拯救其他生命。（由1推出的）

因此，3.应该允许基于金钱的考虑来决定是否允许医生协助死亡。(由 2 推出的)

1. 允许医生协助死亡，可能会导致人们在未经自己同意的情况下"被协助死亡"。(假定的)
2. 不应该让人们在未经自己同意的情况下"被协助死亡"。(假定的)

因此，3. 不应该允许医生协助死亡。(由 1 和 2 推出的)

1. 在有适当的保护措施的情况下，允许医生协助死亡并不会导致人们在未经自己同意的情况下"被协助死亡"。(假定的)
2. 这些保护措施是容易实现的。(假定的)

因此，3. 允许医生协助死亡，并不一定会导致人们在未经自己同意的情况下"被协助死亡"。(由 1 和 2 推出的)

1. 允许医生协助死亡，可能导致人们觉得残疾人是无用的，应该被协助死亡。(假定的)
2. 不应该让人们觉得残疾人是无用的，应该被协助死亡。(假定的)

因此，3. 不应该允许医生协助死亡。(由 1 和 2 推出的)

1. 允许医生协助死亡，可能会导致抑郁症患者选择协助死亡。(假定的)
2. 不应该让抑郁症患者选择协助死亡。(假定的)

因此，3. 不应该允许医生协助死亡。(由 1 和 2 推出的)

1. 在有明确的程序和限制的情况下，允许医生协助死亡

  不会导致抑郁症患者选择协助死亡。（假定的）

2. 这些明确的程序和限制是容易实现的。（假定的）

因此，3. 允许医生协助死亡，不一定会导致抑郁症患者

选择协助死亡。（由1和2推出的）

论证评价略。

2.3   论证格式基础 I：区分不同种类的命题

（1）从事实层面看，这句话想说"我的想法很不容易被他人
   改变"。从价值层面看，这句话倾向于赞扬这种"不易
   改变想法"的特点，所以称之为"坚定"。从政策层面
   看，这句话暗示其他人应该效仿"我"的行为。

（2）从事实层面看，这句话想说"你的想法很容不易被他人
   改变"。从价值层面看，这句话是反对这种"不易改变
   想法"的特点，所以称之为"固执"。从政策层面看，
   这句话暗示其他人不应该效仿"你"的行为。

（3）从事实层面看，这句话想说"他的想法很不容易被他
   人改变"。从价值层面看，这句话强烈贬低这种"不
   易改变想法"的特点，所以称之为"蠢材"。从政策
   层面看，这句话暗示"他"的行为应该被批评、惩罚
   和纠正。

（4）～（10）的参考答案略。

2.4　论证格式基础Ⅱ：定义概念的方法

（1）实指定义：指着一个大多数人都觉得很美的男性或女性，
说"那就是美人"。

划分定义：按性别，分为男性美人和女性美人。按年龄，
分为青年美人、中年美人和老年美人。按时代，分为古
代美人和当代美人。按生活地域，分为亚洲美人、欧洲
美人、美洲美人等。

属加种差定义：美人就是外表极具吸引力的人。

操作性定义：设计一种面部识别算法来给人脸的美丽
程度打分，并不断优化这种算法。在优化后的版本
中，得分 70 以上者算作美人。或者，让人们就某人的
美丽程度按 1 ～ 10 进行打分，平均分 7.0 以上者算作
美人。

（2）实指定义：指着某两个关系很好、正表现出亲密动作的
人，说"那就是关系很好"。

划分定义：按关系很好者之间的社会关系，分为亲子之
间关系很好、兄弟姐妹之间关系很好、伴侣之间关系很
好、友人之间关系很好、师生之间关系很好、同事之间
关系很好、同学之间关系很好……

属加种差定义：关系很好是指两人或多人之间有较高程
度的友善或亲密关系。

操作性定义：让人们就彼此之间的关系，对亲密程度按
1 ～ 10 进行打分，如果关系双方都打了 8 分以上，那
两人之间就算关系很好。或者，搜集两人之间的聊天记

录、购物记录、出行记录等行为记录数据，再设计一个
关系量表来分析那些数据。例如，如果两人经常互赠礼
物，以较高频率进行友善的言语互动，经常一起做某些
事情，那么可以判断两人关系很好。

（3）实指定义：指着某个冰淇淋说"那就是冰淇淋"。

划分定义：按颜色，分为白色冰淇淋和非白色冰淇淋。
按口味，分为水果味冰淇淋和非水果味冰淇淋。按包
装，分为桶装冰淇淋、袋装冰淇淋和其他包装冰淇淋。
按价格，分为低价冰淇淋、中等价格冰淇淋和高价冰
淇淋。

属加种差定义：冰淇淋是以饮用水、牛乳、奶粉、奶油
（或植物油脂）、食糖等为主要原料，加入适量食品添加
剂，经混合、灭菌、均质、老化、凝冻、硬化等工艺制
成的体积膨胀的冷冻食品。

操作性定义：一般不需要用操作性定义来定义"冰淇淋"
这种不太重要的语词。如果要用操作性定义，那么通常
会规定冰淇淋的最低质量标准。例如，美国食品药品监
督管理局（FDA）就有规定，冰淇淋每加仑含有不少于
1.6 磅的总固体，每加仑重量不少于 4.5 磅[⊖]；冰淇淋含有
不少于 10% 的乳脂，不少于 10% 的奶粉……

（4）～（10）的参考答案略。

⊖ 加仑是一种容积单位，1 美制加仑≈3.79 升。磅是一种质量单位，1 磅≈
0.45 千克。

3.1　用论证格式分析不同类型的论证：具体论证，具体分析

（1）1. 张教授说星座能预示人的行为。（假定的事实类命题）

　2. 如果某人专长于某个领域，没有利益相关，了解各种最新信息，有能力解释其给出的结论，其给出的结论在其专长领域之内，并且眼下不存在其他专家给出不同结论，那么此人说的话是值得相信的。（假定的价值类命题）

　3. 张教授是心理学、经济学、社会学等研究人类行为的领域的专家。（假定的事实类命题）

　4. 张教授没有动机在此事件上说谎。（假定的事实类命题）

　5. 张教授了解关于星座的各种信息。（假定的事实类命题）

　6. 张教授有能力为自己的判断提供理由。（假定的事实类命题）

　7. 张教授给出的结论在其专长领域之内。（假定的事实类命题）

　8. 眼下不存在其他专家认为星座不能预示人的行为。（假定的事实类命题）

因此，9. "星座能预示人的行为"这一结论是值得相信的。（由1、2、3、4、5、6、7、8推出的政策类命题）

（2）1. 我身边的大多数人都相信房价要大跌。（假定的事实类命题）

2. 我身边的人是所有人的有代表性的样本。（假定的事实类命题）

因此，3. 大多数人都相信房价要大跌。（由1和2推出的事实类命题）

（3）1. 汤姆写的上一本书信息量很大，有点难读。（假定的事实类命题）

2. 汤姆最新出版的这本书，和他写的上一本书有足够多重要的相似之处，且两者的不相似之处不多或不重要。（假定的事实类命题）

3. 如果A和B这两者有足够多重要的相似之处，且两者的不相似之处不多或不重要，那么如果A有某个特征X，B也会有X特征。（假定的事实类命题）

因此，4. 汤姆最新出版的这本书信息量应该也很大，也不太好读。（由1、2、3推出的事实类命题）

（4）和（5）的参考答案略。

3.2 用论证格式处理逻辑谬误：强迫骗子露出尾巴

（1）1. 你认为应该先杀猪。（假定的事实类命题）

2. 驴也是这么想的。（假定的事实类命题）

3. 如果你和驴的想法一样，你就是驴。(假定的事实
类命题)

因此，4. 你是驴。(由 1、2、3 推出的事实类命题)

这个论证中存在逻辑谬误，因为 3 是不能接受的。

(2) 1. 如果张三是心理咨询师，那么他一定拥有心理咨
询师的职业资格证书。(假定的事实类命题)

2. 张三不是心理咨询师。(假定的事实类命题)

3. 如果张三不是心理咨询师，那么他没有心理咨询
师的职业资格证书。(假定的事实类命题)

因此，4. 张三没有心理咨询师的职业资格证书。(由
1、2、3 推出的事实类命题)

这里的 3 不能接受，因为即使不是心理咨询师，也有可能拥
有心理咨询师的资格证书。

(3) 1. 可能是路由器坏了，也可能是网线坏了。(假定的
事实类命题)

2. 路由器坏了。(假定的事实类命题)

3. 路由器和网线不能同时坏。(假定的事实类命题)

因此，4. 网线没有坏。(由 1、2、3 推出的事实类命题)

这里的 3 不能接受，路由器和网线可以同时坏。

(4)~(8)的参考答案略。

5.1　个例与范畴：为什么不同的枕头都叫"枕头"

奇数序号的指范畴，偶数序号的指个例。

5.2　范畴之间的关系：枕头和武器

（1）是部分包含关系。

（2）是全部不包含的关系。

（3）是全部包含关系。

（4）是部分包含关系。

（5）是同一关系。

（6）是部分包含关系。

（7）是全部包含关系。

（8）是全部不包含关系。

（9）是全部包含关系。

（10）是全部包含关系。

5.4　"中翻逻"：将自然语言翻译成古典逻辑语言

（1）所有等同于罗素的人都是现代逻辑学的创始人。

（2）所有挖掘机驾驶活动都是艺术活动。或所有等同于挖掘
　　　机驾驶的东西都是艺术。

（3）有些人是不知好歹的人。

（4）所有那个地方的人都是美若天仙的人。

（5）所有在场者都不是我的同道中人。

（6）有些电子游戏不是便宜的东西。

（7）所有商品打折的情况都是应该多买一些商品的情况。

（8）所有等同于这块巧克力的东西都不是我喜欢的东西。或所有等同于我的人都不是喜欢这块巧克力的人。

（9）有些人是打着公正的旗号行不公正之事的人。或，有些被人们打着公正旗号做的事情不是公正的事情。

（10）所有能促进最大多数人的最大幸福的行为都是道德上正确的行为，并且，所有道德上正确的行为都是促进最大多数人的最大幸福的行为。

（11）～（20）的参考答案略。

5.5　质、量和周延性：听懂古典逻辑的行话

（1）是全称肯定命题。其主项"知识"周延，谓项"得到辩护的真信念"不周延。

（2）是特称否定命题，其主项"知识"不周延，谓项"得到辩护的真信念"周延。

（3）是特称肯定命题，其主项和谓项都不周延。

（4）是全称否定命题，其主项"知识"和谓项"虚假的东西"都周延。

6.2　对当方阵：如何举一反三

（1）在"人是不是自私的"这个议题上，甲认为乙是错的，丙是对的，丁是错的。乙认为甲是错的，丙是错的，丁是对的。丙认为甲可能对也可能错，乙是错的，丁可能对也可能错。丁认为甲是错的，乙可能对也可能错，丙可能对也可能错。

（2）的参考答案略。

6.3　三段论：如何知二推一

（1）"有些慈善家是沽名钓誉者"是大前提，"有些土豪是慈善家"是小前提。"慈善家"是中项。这个三段论是IIA-1。

（2）"有些键盘侠是流氓"是大前提，"所有流氓都不是正人君子"是小前提。"流氓"是中项。这个三段论是IEO-4。

（3）"有些'粉丝'是'黑粉'"是大前提。"有些'粉丝'是'脑残粉'"是小前提。"粉丝"是中项。这个三段论是III-3。

（4）～（8）的参考答案略。

6.4　三段论的有效性：似是而非的推论

（1）根据直觉，判断其有效。

（2）画韦恩图，判断其无效。

（3）这是 AEE-1，是无效的。

（4）根据直觉，按照亚里士多德观点，判断其有效。

（5）根据规则，"食物"这个中项不周延，判断其无效。

（6）～（10）的参考答案略。

6.5　假冒三段论和省略三段论：三段论也会"化妆"

举三个例子：

（1）爱我的人都会给我买钻戒，你一定不爱我。补全成：所有爱我的人都是给我买钻戒的人。你不是给我买钻戒的人（这是省略的前提）。因此，你不是爱我的人。

（2）打雷要下雨，下雨要打伞。补全成：所有打雷的情况都是要下雨的情况。所有要下雨的情况都是要打伞的情况。因此，所有打雷的情况都是要打伞的情况（这是省略的结论）。

（3）你居然不相信教科书上的话，你太愚蠢了。补全成：所有不相信教科书上的话的人都是愚蠢的人（这是省略的前提）。你是不相信教科书上的话的人。因此，你是愚蠢的人。

7.1　语句与命题：真理的载体

（1）表达了命题，它断言张三和李四之间的关系是好朋友。

（2）表达了命题，它表达"嫖娼"这种行为具备"应该谴责"这一性质。

（3）表达了命题，它表达"孔子"这个人具备"伟大"这一性质。

（4）表达了命题，它表达"真男人"这个范畴中的个例绝对没有"会流眼泪"这一性质。

（5）是一句歌词，似乎是在表达某种情感，而不是表达命题。

（6）是一句歌词，似乎也没有表达命题。

（7）表达了命题，这个命题断言了极端爱国主义和流氓之间的某种关系。

（8）是一个祈使句，它表达了一个请求、呼吁或命令，没有表达命题。但如果改写成"全世界无产者应该联合起来"这种表示规范性的句子，似乎可以看作命题。

（9）表达了命题，它断言了哲学的某种属性。

（10）表达了命题，这句话显然可以被判断为真或假。

7.2　命题之间的关系：一致是一种理智的美德

（1）等值关系。

（2）假定"有趣的东西"和"无聊的东西"这两个集合之间没有交集，且两者的并集并非全集，那么这两句话存在对立关系。假定"有趣的东西"和"无聊的东西"这两个集合之间没有交集，且两者的并集就是全集，那么这两句话存在矛盾关系。

（3）矛盾关系。

（4）对立关系。

（5）假定枕头在房间里，那么这两句话存在对立关系。假定枕头不在房间里，那么这两句话存在一致关系。

（6）～（10）的参考答案略。

8.2 合取式与析取式："和"与"或"的计算

（1）将"书中自有黄金屋"记为 p，"书中自有颜如玉"记为 q，这句话翻译为 p∧q。

（2）将"小明和小美是夫妻"记为 p，将"小美和小丽是姐妹"记为 q，将"小丽和小芳是同学"记为 r，这句话翻译为 p∧q∧r。

（3）将"你死"记为 p，将"我亡"记为 q，这句话翻译为 p∨q。

（4）将"小明是愚蠢的"记为 p，将"小明是邪恶的"记为 q，这句话翻译为 p∨q。

（5）将"小明是愚蠢的"记为 p，这句话翻译为 p∨¬p。

（6）～（10）的参考答案略。

8.3 否定式与等值式："不"与"当且仅当"的计算

（1）将"否定式是一种很难理解的命题"记为 p，这句话翻

译为 ¬p。

（2）将"否定式很难理解"记为 p，将"其他逻辑公式很难理解"记为 q，这句话翻译为 p↔q。

（3）将"人犯我"记为 p，将"我犯人"记为 q，这句话翻译为 p↔q。

（4）将"某人处于不讲道理的情况"记为 p，将"某人处于情绪化的情况"记为 q，这句话翻译为 p↔q。

（5）将"某人是聪明的"记为 p，将"某人是有前途的"记为 q，这句话翻译为 p↔q。

（6）～（10）的参考答案略。

9.1 重言式与论证有效性：翻译与计算

如果你觉得画真值表太麻烦，可以通过一些软件（例如 Truth Table Constructor）来替你画表格。但没有什么软件可以帮你把自然语言翻译成逻辑公式，这一步没法偷懒。

（1）∵ p→q, r→q, s→（p∨r）, s。∴ q。对应的蕴涵式是（（p→q）∧（r→q）∧（s→（p∨r））∧s）→q。画真值表的过程略，这是重言式。

（2）∵（p∧q）→r。∴（p∧r）→q。对应的蕴涵式是（（p∧q）→r）→（（p∧r）→q）。画真值表的过程略，这不是重言式。

（3）∵ ¬（p∧q）。∴ ¬p∨¬q。对应的蕴涵式是（¬（p∧q））→（¬p∨¬q）。画真值表的过程略，这是重言式。

（4）∵ p→q, r→s。∴（p∧r）→（r∨s）。对应的蕴涵式

是（（p→q）∧（r→s））→（（p∧r）→（r∨s））。画真值表的过程略，这是重言式。如果你觉得这个论证不对劲，是因为你把最后的"书或钻石"里的"或"理解成了不相容析取。

（5）∵ ¬p∨¬q，¬p。∴ q。对应的蕴涵式是（（¬p∨¬q）∧¬p）→q。画真值表的过程略，这不是重言式。

（6）∵ p→q，p∧r。∴ q。后续略。

（7）∵ p→q，p∨r。∴ q。后续略。

（8）∵ p，q。∴ r。后续略。在引入量词之前，我们暂时无法表达这个看似有效的论证。

（9）∵ p∧q，¬q。∴ ¬p。后续略。

（10）∵ p→¬q，r→¬s，p∨r。∴ ¬q∧¬s。后续略。

9.4　形式证明：如何"看长相"判断论证是否有效

1.（p∧q）→r　　　（已知信息）

2. ¬r　　　（已知信息）

3. p　　　（已知信息）

4. ¬（p∧q）　　　（根据1和2，否定后件）

5. ¬p∨¬q　　　（根据4，德·摩根律）

6. ¬¬p　　　（根据3，双重否定律）

7. ¬q　　　（根据5和6，析取三段论）

10.2　谓词:"美丽的皮囊"与"你认为美丽的皮囊"

（1）∀x((Ax∨Hx)→Mx)，对于所有 x，如果 x 是爱或者恨，那么 x 是盲目的。

（2）∀x（¬Zx→¬Hx），对于所有 x，如果 x 不值得做，那么 x 不值得做好。

（3）限定论域为人，∀x((Lx∧¬Sx→Wx)∧（Sx∧¬Lx→Dx))，对于所有 x，如果 x 是一个学习者且 x 不是一个思考者，则 x 是一个迷惘而无所得者，并且如果 x 是一个思考者且 x 不是一个学习者，那么 x 是一个疲惫而无所得者。

（4）∀x∀y（（Rx∧¬Cx∧By）→¬Uxy)，对于所有 x 和所有 y，如果 x 是人，x 是不成熟的，并且 y 是白酒，那么 x 不能理解 y 的美味。

（5）限定论域为人，∀x∀y((Cx∧Jy)→¬Pyx)，对于所有 x，如果 x 是成熟的并且 y 是卖酒的，那么 y 无法骗 x。

10.3　量词：哪些狗是哪些人的朋友

（1）∀x（（Sx→Gx)∧（Zx→Wx)），对于所有 x，如果 x 是个圣人，那么 x 过去曾做过坏事。并且，如果 x 是个罪人，那么 x 未来可能会做好事。

（2）∀x∀y((Tx∧Ray)→（Zyxa→Caxa))，对于所有 x 和所有 y，如果 x 是时刻并且 y 是 a（我）周围的人，那么

如果 y 在 x 时刻赞同 a，a 在 x 时刻就认为 a 错了。

（3）∀x（Tx→Sax），对于所有 x，如果 x 是通情达理的人，那么 a（我）能说服 x。

（4）∀x∀y∀z（（Yx∧Tyx∧Tz）→（Sxz→Fxyz）），对于所有 x、y、z，如果 x 是预言家，y 听到了 x 的预言，并且 z 是时刻，那么如果 x 在 z 时刻预言失败了，x 就能让 y 忘记 z 时刻。

（5）∀x（（Exa∧Dxa）→Bax）∧（（Fxa∧Sx）→¬Bax），对于所有 x，如果 x 是 a 的敌人且 x 在阻挠 a，那么 a 能容忍 x，并且如果 x 是 a 的朋友且 x 取得了成功，那么 a 不能容忍 x。

附录 B
APPENDIX B

学习逻辑思维可以利用的免费资源

在阅读本书后，如果你想继续深入学习批判性思维、非形式逻辑或者广义的逻辑学，那么你可以借助一些免费的资源。

我偶尔会在"认真想"公众号上回答读者们的问题。有时也会抽出 1 小时的时间，通过电话免费给一些朋友提供个性化的建议。可惜，我的时间和精力有限，才能更是有限，无法免费为所有人提供高质量的服务。

下面这些免费的在线学习资源，也许值得你利用。

非形式逻辑与批判性思维协会（AILACT）的网址：ailact.wordpress.com

在线百科全书：搜索 critical thinking、informal logic、logic、argumentation theory 等关键词

- 斯坦福哲学百科：plato.stanford.edu
- 在线哲学百科：iep.utm.edu

论文：搜索 critical thinking、informal logic、logic、argumentation

theory 等关键词

- 谷歌学术搜索：scholar.google.com

可汗学院上的课程：www.khanacademy.org

- CARS 练习题：www.khanacademy.org/test-prep/mcat/critical-analysis-and-reasoning-skills-practice-questions
- 批判性思维：www.khanacademy.org/partner-content/wi-phi/wiphi-critical-thinking

edX 上的课程：www.edx.org

- 哲学与批判性思维：www.edx.org/course/philosophy-and-critical-thinking
- 日常思维中的科学：www.edx.org/course/the-science-of-everyday-thinking
- 批判性思维与问题解决：www.edx.org/course/critical-thinking-problem-solving-3
- 批判性思维，优质推理的基础：www.edx.org/course/critical-thinking-fundamentals-of-good-reasoning-2

Coursera 上的课程：www.coursera.org

- 心智软件，信息时代的批判性思维：www.coursera.org/learn/mindware
- 大学生需要的批判性思维技能：www.coursera.org/learn/critical-thinking-skills
- "再想想"系列：www.coursera.org/specializations/logic-critical-thinking-duke
- 智力上的谦逊（理论篇）：www.coursera.org/learn/intellectual-

humility-theory

- 智力上的谦逊（科学篇）: www.coursera.org/learn/intellectual-humility-science
- 智力上的谦逊（实践篇）: www.coursera.org/learn/intellectual-humility-practice

视频资源：

CrashCourse 上有许多有趣且有用的课程，如世界历史、科学史、统计学、哲学、信息素养、媒体素养、数据素养、学习技能、心理学、社会学、经济学、计算机科学、工程学、写作等。

此外，你还可以找到 Gregory Sadler、Liz Jackson、Adam Rosenfeld 讲授的批判性思维课程。Eric Luttrell 讲授的英语课也能帮助我们学习批判性思维。

网易公开课：open.163.com

- 谷振诣的批判性思维课程：open.163.com/newview/movie/courseintro?newurl = M9AV0IQ7P

中国大学 MOOC：www.icourse163.org

- 陈刚的批判性思维课程：www.icourse163.org/course/HUST-1206620838

学堂在线：www.xuetangx.com

- 李继先的批判性思维课程：www.xuetangx.com/course/thu01011003963/12425989
- 陈为蓬的逻辑学概论：www.xuetangx.com/course/THU12011001060/12423326

你也可以将以下这些书收入囊中，在学到某个逻辑学的基本概念或方法时，翻开它们，寻找相关章节，博采众长。

- 《逻辑：从三段论到不完全性定理》：作者是熊明。从古典逻辑到现代逻辑，这本书面面俱到，但又点到为止，适合所有人在较短的时间内建立"逻辑大局观"。这本书由科学出版社 2016 年出版。

- 《逻辑基础》：作者是王路。这本书的用语通俗，知识讲解既严谨又细致。比起翻译成中文的逻辑学教材，这本书的可读性更强，适合所有人。最新修订版由高等教育出版社 2019 年出版。

- 《逻辑学导论》：作者是欧文·柯匹（Irivng Copi）和卡尔·科恩（Carl Cohen）。这本书已经帮助无数人踏上逻辑学的旅途，是一本广受欢迎的经典好书，内容翔实，适合能接受"翻译腔"的读者。这本书第 13 版的中译本由中国人民大学出版社 2014 年出版。

- 《逻辑与哲学：现代逻辑导论》：作者是保罗·蒂德曼（Paul Tidman）和霍华德·卡哈尼（Howard Kahane）。这本书对于命题逻辑和谓词逻辑的介绍比上一本书更详细。这本书第 9 版的中译本由中国人民大学出版社 2017 年出版。

- 《数理逻辑》：作者是郝兆宽、杨睿之和杨跃。这本书展现了高度符号化的逻辑语言，适合有一定逻辑基础的读者，如数学系、哲学系和计算机科学系的学生。这本书第二版由复旦大学出版社 2020 年出版。

- 《逻辑学导论》：作者是哈里·J. 根斯勒（Harry J. Gensler）。

除了逻辑学教材标配的一阶逻辑系统之外，这本书还包含模态逻辑、道义与祈使逻辑、信念逻辑、逻辑史等内容。这本书适合所有打算系统学习逻辑学的读者。这本书第三版中译本由科学出版社 2021 年出版。

- 《批判性思维原理和方法》：作者是董毓。这本书案例丰富，行文流畅，对于知识和技能的讲解既全面又深入。对于大多数读者，尤其是英文不佳的读者，这本书可能是你学习批判性思维的首选。这本书第二版由高等教育出版社 2017 年出版。对于青少年朋友，亦可选择作者的《批判性思维十讲》（上海教育出版社 2019 年出版）。

- 《批判性思维》：作者是武宏志。与上一本书相比，这本书对于"合情论证"的介绍更为详细。这本书由高等教育出版社 2016 年出版。

- 《哲道行者》：作者是李天命。这本书既谈论思考方法，也谈论为人处世的原则。作者幽默风趣，言辞犀利，用语凝练。这本书适合有耐心以较慢的速度，反复读同一本书的读者。这本书简体版由中国人民大学出版社 2010 年出版。

- 《批判性思维研究》（*Studies in Critical Thinking*），主编是 Anthony Blair，最新版是 2020 年的英文第 2 版。这本书是非形式逻辑与批判性思维协会的成员们，以文集的形式合作完成的资源书，其电子版可以免费下载、使用。这本书的目标读者是批判性思维的教师以及高水平的学生。

- 《批判性思维工具箱》（*The Critical Thinking Toolkit*），作者是 Galen Foresman、Peter Fosl 和 Jamie Watson。这是一本

工具书，方便好用，包含的工具很全面，涉及的学科领域很多，如逻辑学、认识论、科学哲学、心理学、政治学、社会学、修辞学等。

- 《批判性推理：使用者指南》（*Critical Reasoning: A User's Manual*），作者是 Jason Southworth 和 Chris Swoyer，最新版是 2020 年的英文第 4 版。这本书与上一本书一样，最大的特色就是内容全面，是一本跨学科的综合性教材。这本书不算正式出版物，没有印刷版，其电子版可在网上免费下载。

- 《批判性思考》（*Think Critically*），作者是 Peter Facione 和 Carol Gittens，最新版是 2016 年的英文第 3 版。与该领域的其他教材相比，这本书最大的优点在于作者是从实证科学的角度去探究批判性思维的，而学界和业界的许多人还习惯于从思辨或日常经验的角度。

- 《好的推理指南》（*A Guide to Good Reasoning*），作者是 David Wilson，最新版是 2020 年的英文第 2 版。这本书简明扼要，内容循序渐进，习题难度适中，给学习者提供了操作性很强的思考框架和工具，不包含逻辑公式，对于新手十分友好。

- 《论证实战指南》（*A Practical Study of Argument*），作者是 Trudy Govier，最新版是 2013 年的英文第 7 版增强版。这本书是 "论证" 领域的最佳教材之一。作者教学经验丰富，思维敏锐且透彻。她对于论证的研究，较许多学者更加深入，具体可参见她的另一部作品《论证分析和评估中的问题》（*Problems in Argument Analysis and Evaluation*）。

- 《分析性写作》（*Writing Analytically*），作者是 David Rosenwasser
  和 Jill Stephen，最新版是 2018 年的英文第 8 版。这是一
  本非常好的分析性写作教材，而分析性写作和政策性辩论
  是练习批判性思维的绝佳方式。
- 《批判性思维与沟通》（*Critical Thinking and Communication*），
  作者是 Edward Inch 和 Kristen Tudor，最新版是 2013 年的
  英文第 7 版。这是一本辩论学教材，可以帮助我们学会政
  策性辩论这种练习批判性思维的方法。

批判性思维的习惯和能力

本书的全部内容，都旨在培养你的批判性思维的习惯和能力。严格来说，不是"培养你"，而是帮助你培养自己。毕竟，没有人能替你吃饭，也没有人能让你拥有某种习惯和能力。

不过，究竟什么是批判性思维的习惯和能力呢？亚历克·费希尔（Alec Fisher）在前人的基础上，将批判性思维的能力划分为四组。

（1）解读能力（interpreting）：能正确地理解语词、语句、图片、表格等符号的含义；有能力给出样例、对比、类比、定义、充要条件；能正确地转述、翻译、改写原材料。

（2）分析能力（analyzing）：能找出推理和论证中的结论、前提以及隐含前提；能区分不同类型的论证；能挖掘出论证所处语境里包含的背景信息；能完成论证的重构、图示或标准化。

（3）评价能力（evaluating）：能评价单个命题的可信度有多高；能评价两个命题之间的相关程度有多高；能评价不同类型的论证是不是好的论证；能区分好的论证和谬误式的论证；能将现有的论证、解释、决策、问题解决方案与潜在的其他论证、解释、决策和问题解决方案进行对比，在对比中评价彼此的优劣。

（4）自控能力（self-regulation）：对自己的思维过程和结果展开批判性思考；以同样高的标准，解读、分析、评价自己的观点和论证；在自我监督、自我调控之下，不断优化自己的思维过程和结果。

为了方便记忆和传播，我一般将解读、分析、评价、自控这四组批判性思维能力，简称为"解析评控"。

关于批判性思维的习惯，不同行家有不同的见解。彼得·范西昂（Peter Facione）总结了专家们的见解，列出了下列大家都比较认可的习惯。

• 批判性思维者对于生活和一般事务的态度和习惯：

（1）对于各种各样的议题都很好奇。

（2）想要不断获取充分的信息。

（3）不放过任何使用批判性思维的机会。

（4）信任理性探究这一过程。

（5）对自己的理性能力有信心。

（6）对于不同的世界观保持开放的思想。

（7）愿意考虑替代性的选择和意见。

（8）理解其他人的意见。

（9）公平公正地评价推理的好坏。

（10）真诚地直面自己的偏误、偏见、刻板印象、自我中心倾向和内群体偏好。

（11）在悬置、形成以及改变判断时足够慎重。

（12）在真诚地反思后，如果发现应该改变或修正自己的观点，就会去做。

- 批判性思维者对于具体议题、问题和麻烦的态度和习惯：

（1）用足够清晰的方式提出问题或议题。

（2）在处理复杂问题时井然有序。

（3）努力寻找相关信息。

（4）合理地选择并应用标准。

（5）认真、细致地处理手头正关注的事务。

（6）遇到困难时不轻易放弃。

（7）达到主体和环境所允许的精确性。

这个批判性思维习惯列表很长，不利于传播。我有时会总结成以下6点。

（1）延迟判断：在获取的信息足够多之前，不轻易做出判断。

（2）不灭的好奇心：在做出判断、有了自己的观点后，依然很想获取更多信息，尤其是专家提供的信息。而且不仅想获取支持自己观点的信息，还想获取不支持自己观点的信息。

（3）警惕"我"和"我们"的局限：意识到自己和自己认可

的专家都有可能出错，时常反思自己以及自己认可的人在思想和行为上可能存在什么局限。

（4）**刻意练习与终身成长**：时常磨炼自己的批判性思维技能，提高解读能力、分析能力、评价能力和自控能力，同时对自己的能力保持较高的自信。

（5）**慎独与乐群**：喜欢与其他拥有批判性思维习惯和能力的人一起交流、探讨和玩耍，哪怕他们可能会向你提出尖锐的问题。

（6）**勇气与毅力**：在他人不希望你表现出批判性思维能力时，例如在他人打算以虚假信息来欺骗你、以过多的无关信息来搞晕你、以权威身份来震慑你、以情感因素来打动你时，你依然能坚持表现出批判性思维能力。

你或许会觉得这 6 点也很长，不容易全部记住。为了进一步简化，我会把批判性思维的习惯看作不断发挥出"解析评控"这四组能力的习惯。所以，批判性思维能力，就是"解析评控"；批判性思维的习惯，就是习惯性"解析评控"。

哪些人算批判性思维者？根据能力和习惯的水平，我们可以绘制一个批判性思维九宫格（见图 C-1）来回答这个问题。

希望你能成为能力和习惯都很强的批判性思维者。就我所知，最快实现这一目标的途径就是和一群"解析评控"能力很强且习惯也很好的人成为朋友，时常处于批判性思维的对话语境之中，在群体中不断成长和进步。

不过，在学习以及应用批判性思维时，千万不能求快。很多人以为，在足够短的时间里解决大多数人解决不了的难题，就能彰显自己的聪明才智，赢得大家的钦佩。这并不适用于批判性思维。批判性思维是一种较慢的思维方式，我们要去澄清概念的定义，要去判断证据的强度，要去寻找隐含的假设，要去搜寻更多的信息。这些都是快不来的。

批判性思维九宫格			
	必须要有很强的批判性思维能力	有一点批判性思维能力就行	没有批判性思维能力也行
必须要有很强的批判性思维习惯	善于思考者思考最专精领域的问题，如福尔摩斯思考刑侦问题	勤于思考者思考不太擅长的领域的问题，如咨询分析师为一些公司提供咨询服务	"杠精"也算批判性思维者，如金庸笔下的包不同
有一点批判性思维习惯就行	善于思考者思考并不专精领域的问题，如爱因斯坦思考政治学问题	大多数智力正常的人思考大多数自己关心的问题	大多数智力正常的人思考自己关心但是不擅长的领域的问题
没有批判性思维习惯也行	人工智能系统，如IBM公司开发的Watson，也算批判性思维者	大多数智力正常的人思考自己完全不关心的领域的问题	所有认知系统在所有情况下都是"批判性思维者"

图 C-1　批判性思维九宫格

[后 记]
POSTSCRIPT

如果你喜欢本书，那么有一些人值得感谢。

你可能会觉得，写出这本书的作者自然功不可没。但你可能会忘记，在现代社会，几乎任何东西的诞生，都是无数人合作的结果。

出版社的编辑、造纸厂和印刷厂的工作人员等使本书得以成形，还需要负责物流的人员转运，这本书才最终从某个仓库转移到你的手里。当然，如果你不识字，你就读不懂书，所以，教你识字的老师和父母，对你阅读本书也有贡献。

在现代社会中，每个人都与无数人有直接或间接的联系。这也是我创作本书的理由：我想和你产生联系，我还希望你能和其他人产生联系。

这些联系，使得逻辑学的理念和方法，从亚里士多德、布尔、弗雷格、罗素、希尔伯特、杜威、维特根斯坦、图灵、哥德尔、塔斯基、蒯因等人的脑中，跨越时间和空间，转移到了我们的脑中。

我希望，我们能将这种逻辑学的思维方式、这种批判性思维的习惯和能力，再传递给其他人。我相信，这种能力有助于我们创造一个更美好的人类社会。

对于本书的诞生，我想感谢这些师友：刘雨溪、石北燕、阳志平、王薇、董毓、徐佐彦、宋鹏、王超、项雨婕、黄冬燕、林珲、吴妍、曹可欣、刘伯众、李春满，以及一些我未曾知晓姓名的朋友。

本书的编辑向睿洋为我提了许多宝贵的修改建议。没有他的帮助，本书的可读性将大打折扣。

我还要感谢我的父亲——李玉龙，他绘制了本书中的许多插图，以及我的母亲——赵丽芳，她时刻都牵挂着我的身体健康。

本书难免有所疏漏，有些是我的无心之失，有些是我才疏学浅导致的错误。如果你发现了疏漏，不管是哪种疏漏，我都很欢迎你告诉我，以便我们在本书重印或修订时，能及时改正这些错误。

如果你不喜欢本书，那么希望附录 B 中提到的那些书和视频课程，能满足你对"逻辑语"的种种期待。如果你有改进本书的建议，也欢迎告诉我。

我的电子邮箱是：Andy.Lee.9531@gmail.com。

逻辑思维

《学会提问（原书第12版）》

作者：[美] 尼尔·布朗 斯图尔特·基利 译者：许蔚翰 吴礼敬

批判性思维入门经典，授人以渔的智慧之书，豆瓣万人评价8.3高分。独立思考的起点，拒绝沦为思想的木偶，拒绝盲从随大流，防骗防杠防偏见。新版随书赠手绘思维导图、70页读书笔记PPT

《批判性思维（原书第12版）》

作者：[美] 布鲁克·诺埃尔·摩尔 理查德·帕克 译者：朱素梅

10天改变你的思考方式！备受优秀大学生欢迎的思维训练教科书，连续12次再版。教你如何正确思考与决策，避开"21种思维谬误"。语言通俗、生动，批判性思维领域经典之作

《批判性思维工具（原书第3版）》

作者：[美] 理查德·保罗 琳达·埃尔德 译者：侯玉波 姜佟琳 等

风靡美国50年的思维方法，批判性思维权威大师之作。耶鲁、牛津、斯坦福等世界名校最重视的人才培养目标，华为、小米、腾讯等创新型企业最看重的能力——批判性思维！有内涵的思维训练书，美国超过300所高校采用！学校教育不会教你的批判性思维方法，打开心智，提早具备未来创新人才的核心竞争力

《思考的艺术（原书第11版）》

作者：[美] 文森特·赖安·拉吉罗 译者：宋阳 等

《学会提问》进阶版，批判性思维领域权威大师之作，兼具科学性与实用性，不能错过的思维技能训练书，已更新至第11版！将批判性思维能力运用于创造性思维、写作和演讲

《逻辑思维简易入门（原书第2版）》

作者：[美] 加里·西伊 苏珊娜·努切泰利 译者：廖备水 雷丽赟

逻辑思维是处理日常生活中难题的能力！简明有趣的逻辑思维入门读物，分析生活中常见的非形式谬误，掌握它，不仅思维更理性，决策更优质，还能识破他人的谎言和诡计

更多>>>

《说服的艺术》 作者：[美] 杰伊·海因里希斯 译者：闾佳
《有毒的逻辑：为何有说服力的话反而不可信》 作者：[美] 罗伯特 J.古拉 译者：邹东
《学会提问（原书第12版·中英文对照学习版）》 作者：[美] 尼尔·布朗 斯图尔特·基利
译者：许蔚翰 吴礼敬

高效学习

《刻意练习：如何从新手到大师》

作者：[美] 安德斯·艾利克森 罗伯特·普尔 译者：王正林

销量达200万册！
杰出不是一种天赋，而是一种人人都可以学会的技巧
科学研究发现的强大学习法，成为任何领域杰出人物的黄金法则

《学习之道》

作者：[美] 芭芭拉·奥克利 译者：教育无边界字幕组

科学学习入门的经典作品，是一本真正面向大众、指导实践并且科学可信的学习方法手册。作者芭芭拉本科专业（居然）是俄语。从小学到高中数理成绩一路垫底，为了应付职场生活，不得不自主学习大量新鲜知识，甚至是让人头疼的数学知识。放下工作，回到学校，竟然成为工程学博士，后留校任教授

《如何高效学习》

作者：[加] 斯科特·扬 译者：程冕

如何花费更少时间学到更多知识？因高效学习而成名的"学神"斯科特·扬，曾10天搞定线性代数，1年学完MIT4年33门课程。掌握书中的"整体性学习法"，你也将成为超级学霸

《科学学习：斯坦福黄金学习法则》

作者：[美] 丹尼尔·L.施瓦茨 等 译者：郭曼文

学习新境界，人生新高度。源自斯坦福大学广受欢迎的经典学习课。斯坦福教育学院院长、学习科学专家力作；精选26种黄金学习法则，有效解决任何学习问题

《学会如何学习》

作者：[美] 芭芭拉·奥克利 等 译者：汪幼枫

畅销书《学习之道》青少年版；芭芭拉·奥克利博士揭示如何科学使用大脑，高效学习，让"学渣"秒变"学霸"体质，随书赠思维导图；北京考试报特约专家郭俊彬博士、少年商学院联合创始人Evan、秋叶、孙思远、彭小六、陈章鱼诚意推荐

更多>>>　《如何高效记忆》作者：[美] 肯尼思·希格比 译者：余彬晶
《练习的心态：如何培养耐心、专注和自律》作者：[美] 托马斯·M.斯特纳 译者：王正林
《超级学霸:受用终身的速效学习法》作者：[挪威] 奥拉夫·舍韦 译者：李文婷

理性决策

《超越智商：为什么聪明人也会做蠢事》

作者：[加] 基思·斯坦诺维奇　译者：张斌

如果说《思考，快与慢》让你发现自己思维的非理性，那么《超越智商》将告诉你提升理性的方法

诺贝尔奖获得者、《思考，快与慢》作者丹尼尔·卡尼曼强烈推荐

《理商：如何评估理性思维》

作者：[加] 基思·斯坦诺维奇 等　译者：肖玮 等

《超越智商》作者基思·斯坦诺维奇新作，诺贝尔奖得主丹尼尔·卡尼曼力荐！

介绍了一种有开创意义的理性评估工具——理性思维综合评估测验。

颠覆传统智商观念，引领人类迈入理性时代

《机器人叛乱：在达尔文时代找到意义》

作者：[加] 基思·斯坦诺维奇　译者：吴宝沛

你是载体，是机器人，是不朽的基因和肮脏的模因复制自身的工具。

如果《自私的基因》击碎了你的心和尊严，《机器人叛乱》将帮你找回自身存在的价值和意义。

美国心理学会终身成就奖获得者基思·斯坦诺维奇经典作品。用认知科学和决策科学铸成一把理性思维之剑，引领全人类，开启一场反抗基因和模因的叛乱

《诠释人性：如何用自然科学理解生命、爱与关系》

作者：[英] 卡米拉·庞　译者：姜帆

荣获第33届英国皇家学会科学图书大奖；一本脑洞大开的生活指南；带你用自然科学理解自身的决策和行为、关系和冲突等难题

《进击的心智：优化思维和明智行动的心理学新知》

作者：魏知超 王晓微

如何在信息不完备时做出高明的决策？如何用游戏思维激发学习动力？如何通过科学睡眠等手段提升学习能力？升级大脑程序，获得心理学新知，阳志平、陈海贤、陈章鱼、吴宝沛、周欣悦、高地清风诚挚推荐

更多>>>　　《决策的艺术》作者：[美] 约翰·S.哈蒙德 等 译者：王正林